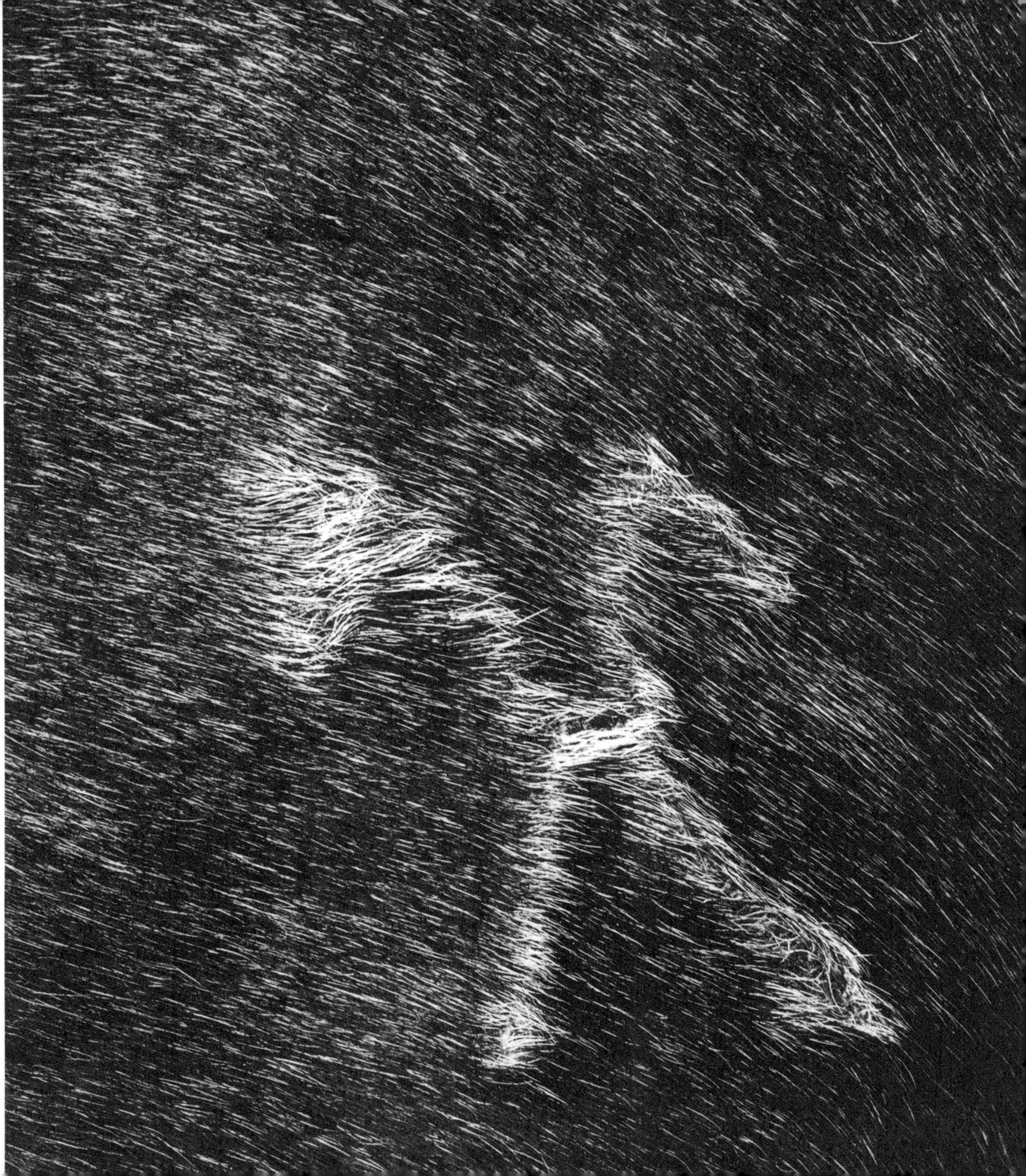

Aurich

Braunschweig

Bremerhaven

Celle

Lüneburg

Osnabrück

Stade

Niedersächsische Städtewappen und das Wappen des Landes symbolisieren Lage und Struktur des Zuchtgebietes hannoverscher Pferde. Sie künden von der Geschichte, vom Handel und von den Eigenheiten dieses Landes, das von Grund her landwirtschaftlichen und tierzüchterischen Charakter hat, das seit nahezu 250 Jahren in engster Verbindung steht zu dem in aller Welt geschätzten Hannoveraner.

MIT EINEM GELEITWORT VON HANS-HEINRICH ISENBART

Ein Band der Reihe
terra hippologica
herausgegeben in Zusammenarbeit
mit dem
DEUTSCHEN PFERDEMUSEUM –
HIPPOLOGISCHES INSTITUT
in Verden a. d. Aller

Hans Joachim Köhler

Uelzen

Verden

Hannoversche Pferde

NIEDERSACHSEN

Geschichte – Zucht – Erfolge

Reich Verlag Luzern

Hannover | *Mecklenburg* | *Pommern* | *Brandenburg* | *Westfalen* | *Hessen*

An den verehrten Leser
Viele Aufnahmen und Dokumente in diesem Band werden zum erstenmal abgebildet. Oft nur zum Zwecke der Erinnerung entstanden, haben sie die Spuren der Zeit in ihren Reproduktionen hinterlassen.

Gestaltung: Hans Joachim Köhler und Jürgen Braunschweiger
Redaktion: Horst Braunschweiger

Dieses Buch wurde aus der Garamond-Mediäval gesetzt von der Fotosatz Schmidt + Co., Weinstadt bei Stuttgart, und in Offset gedruckt bei der Polygraphischen Gesellschaft, Laupen. Die Bild-Reproduktionen wurden ausgeführt von der E. Kreienbühl & Cie AG, Luzern. Das Spezialpapier lieferte die Papierfabrik Biberist. Die buchbinderische Verarbeitung lag in Händen der Großbuchbinderei Maurice Busenhart, Lausanne

Printed 1977 in Switzerland
ISBN 3-7243-0138-3

Rheinland

Bayern

Württemberg

Pfalz

Kanada

Mit der Einrichtung des Ldg. Celle 1735 entwickelte sich im hannoverschen Gebiet Niedersachsens die heute weltberühmte Zucht hannoverscher Pferde. In Wechselwirkung mit mecklenburgischen Hengsten im Hannoverschen und später hannoverschen Hengsten in Mecklenburg waren beide Länder entscheidend aufeinander angewiesen. Ähnlich war es mit Pommern, während Brandenburg, Westfalen, Hessen, das Rheinland, Bayern, Württemberg, die Pfalz und zahlreiche Zuchten im Ausland, für die hier Kanada als Symbol steht, ohne Rückwirkung auf das Mutterland Beschäler, Zuchtstuten und Fohlen aus Hannover importierten, überwiegend bis in die Gegenwart hinein.

Inhalt

Im Wappen ein springendes Roß

Das springende oder steigende Roß im Wappen des Landes Niedersachsen steht auch als Wahrzeichen in Bronze gegossen, als Niedersachsenroß, vor der Tierärztlichen Hochschule in der Landeshauptstadt Hannover.

Nach einem guten, langen Galopp hügelauf, hügelab auf federndem Grasboden sprangen wir über einen halbhohen Holzzaun in den Reitplatz und parierten durch auf dem Hof vor dem Stall. Alberts Stute nahm sich prustend den Zügel und dehnte den Hals abwärts. Die Pferdehälse klopfend, blickten wir hinauf zum hohen, holzverschalten Giebel, von dem in hellerem Holz übergroß das Zeichen leuchtete, das unsere Pferde auf dem linken Hinterschenkel trugen: das hannoversche Brandzeichen. Vom Nachbarhaus strahlten, weiß gestrichen, die gekreuzten Pferdeköpfe über dem Giebel weit ins hügelige Land. Auf der Nachbarweide hatten sich zwei Stuten mit ihren Fohlen in Trab gesetzt. Nun streckten sie die Hälse lang über den Zaun und grüßten mit teifkehligem, leisem Wiehern unsere Pferde. Ein kleiner Junge packte die Stuten nacheinander beim Schopf und führte sie, die artig bei Fuß gingen, zur Nacht in den Stall. Die Fohlen folgten nach einer kecken Kapriole auf ihren langen Staksbeinen. Frisch trat aus dem kastanienbraunen Fell das Brandzeichen mit den gekreuzten Pferdeköpfen hervor. Zwei Braune ohne Abzeichen, edle Köpfe, starke, trockene Gelenke, Prachtfohlen. Wir waren vom nahen Gestüt herübergeritten, Albert Kley und ich. Wir hatten unsere Pferde aus den weit hingestreckten weißen Fachwerkgebäuden mit den tiefgezogenen Ziegeldächern geführt und hatten dann im Vorüberreiten den Stutenherden zugewinkt, die dort zwischen den weißen Plankenzäunen im hohen Gras weideten.

Später am Kamin erzählte uns der Besitzer des Züchterhofes von seinen Stuten und ihren Fohlen, von ihrer Abstammung. Er kannte sich aus in allen Blutlinien, über fünfzehn Generationen. Durch die Fenster des hohen Raumes, an dessen Wänden Jagdtrophäen hingen, vom großen Kudu, Oryx, Säbelantilope bis zur Alaska-Bergziege, blinkten die schneebedeckten Gipfel der Rocky Mountains, und fünfzig Meilen von hier zieht der Elch seine klobige Fährte und betteln possierliche Schwarzbären an den Autos der Touristen im Nationalpark. Und der passionierte, kenntnisreiche Hannoveraner-Züchter heißt Basil French und ist neben seiner Züchterpassion ein großer Nimrod vor dem Herrn in Afrika, Alaska und in seiner Heimat, in Alberta, Kanada. Und mein Freund und Begleiter Albert Kley, Schüler von Otto Meyer, Hoya, und dem Militarymeister Siegfried Dehning ist Gestütmeister und Reitlehrer auf dem Hannoveranergestüt Spruce Meadows, zwei Kilometer südlich Calgary im Westen Kanadas am Fuß des Felsengebirges.

Der Gestütherr von Spruce Meadows, Ronald D. Southern, ist Industrieller mit einem Wirkungsbereich von Nordalaska bis nach Saudi-Arabien und Australien und im übrigen ein leidenschaftlicher Verehrer der Hannoveraner Zucht. In seinem Gestüt stehen neben den Stutenherden der gekörte hannoversche Hengst Wodka von Wolfsburg, genannt Young Wolfsburg, und der Vollblüter Anforan, dessen Vorfahr einst Kentuckys Vollblutidol Citation schlagen konnte. Hannoveranerzucht und Turniersport sind die Passionen seines Lebens. Kanadas zweites offizielles internationales Turnier – neben Toronto – wird ab 1977 in Spruce Meadows, Calgary (Alberta), statt-

finden. Und Spruce Meadows ist das einzige Gestüt außerhalb der deutschen Grenzen, das legitim ein hannoversches Brandeisen für seine Fohlen besitzt, eisern gehütet im Panzerschrank. Und den Schlüssel hat Gestütmeister Albert Kley unter dem Kopfkissen – mit Genehmigung und anerkannt vom Verband hannoverscher Warmblutzüchter in Hannover.
So griff in jüngster Vergangenheit das hannoversche Zuchtgebiet weit über die Grenzen des Heimatlandes hinaus in ein Land angelsächsischer Verwandtschaft. Die Aufrichtung des Symbols der niedersächsischen gekreuzten Pferdeköpfe in einem Land, das auch heute noch die britische Herrscherin als seine Königin anerkennt, hat ihren historischen Vergleich im vorigen Jahrhundert, als die britischen Könige aus dem Hause Hannover im britischen Staatswappen die Kaiserkrone Karls des Großen und das weiße springende Niedersachsenroß auf rotem Grunde führten, so wie es in etwas veränderter Form heute im niedersächsischen Staatswappen erscheint.
Dies moderne Geschichtsereignis aber führt zurück in das Land, in dem so vieles, fast alles, aus Geschichte und Tradition gewachsen ist, in den Städten und Dörfern, in den Familien und Landschaften und ihren Herrschern. Englische Lords und preußische Prinzen fuhren mit Viererzügen hannoverscher Pferde. Und auf den Höfen auf der hohen Geest und im weiten Marschland vererbte sich die Wissenschaft und Weisheit der Pferdezüchter und jenes instinktiv-sichere Gespür für Qualität und Solidität vom Vater auf den Sohn. Nur in einem Lebensraum, der vom Meer ebenso wie vom Land her bestimmt war, konnten jene Eigenschaften wachsen, die aus der Leidenschaft für Erprobtes, Althergebrachtes und aus dem wohlberechneten Gewinnstreben und der Anpassung an neue Entwicklungen sich paaren.
Die dickschädelige Bewahrung des Überlieferten und die schlaue Nutzung des Alten für neue Erfolge, das ließ Bauerntum und Pferdezucht auch in unserer Zeit überleben. Und das in einem Lande, in dem die größte Industriemesse der Welt, die Hannover-Messe, abgehalten wird. Das ist kein Geschäft mit der Nostalgie. Das ist die Wiedererweckung des Bewußtseins für das Leben mit dem Lande und aus dem Lande, die Erfüllung einer Sehnsucht, die viele Menschen heute aus den Kratern und Käfigen der Städte treibt.
Es lohnt sich also, dem nachzuspüren, was einen wichtigen Teil des Charakters der Menschen in diesem Lande Niedersachsen ausmacht. Und man kann es besser nicht lernen als von einem Mann, der wie kaum ein anderer die Quellen kennt, die Pferdezüchter in den kleinen Dörfern oder auf den einsamen Höfen, auf denen die Fohlen geboren werden, die dieses Land berühmt machten bis in den fernen Westen Kanadas. Er hat dieses Buch geschrieben. Er wirbt um Freundschaft mit diesem Land, seinen Menschen, seinen Pferden. Und die Zahl der Freunde wächst immer weiter. Solange jedes Jahr eine neue Pferdegeneration heranwächst auf den Weiden dieses Landes mit dem springenden Roß im Wappen.

Hans-Heinrich Isenbart

Pferdeland Hannover

Bevor die Entwicklung der Pferdezucht im Land Hannover sich detailliert vor uns ausbreitet, soll auf den folgenden Seiten eine historische Übersicht dieses Pferdeland uns nahebringen. Seit der Gründung des Landgestüts Celle 1735 bis zum Olympiasieg eines Warwick 1976.

In diesem 100 m langen Celler Hengststall, eine Darstellung des inneren Spörcken-Stalls, standen um die Mitte des 19. Jh.s schon die Stammväter unserer Olympiasieger 1976 von Montreal. Am Beispiel des Warwick in männlicher Linie: Zernebog (ab 1849), Flick, Flenheim, Flingarth, Fling, Feiner Kerl, Fernjäger, Wortschwall, Warwick.

Das hannoversche Zuchtgebiet

Die politischen Grenzen Niedersachsens sind nicht ganz identisch mit dem hannoverschen Zuchtgebiet. Oldenburg hatte von jeher eine eigenständige Zucht, wenngleich nicht ohne hannoverschen Einfluß, und Ostfriesland ist nach langer Unterbrechung erst jetzt wieder züchterisch in Hannover zu Hause. England und Mecklenburg spielten für Hannover im 19. Jahrhundert eine bedeutende Rolle.

Die Nordseeküste Ostfrieslands, weitergeführt einschließlich des Stadtstaates Bremen, vorbei an Bremerhaven bis Cuxhaven, dann südlich der Elbe entlang einschließlich des Stadtstaates Hamburg bis zur Grenze des anderen Deutschland bei Schnakenburg, von dort an der Zonengrenze über Helmstedt weiter bis hinunter nach Bad Harzburg und Duderstadt, westwärts über Göttingen und in nord-

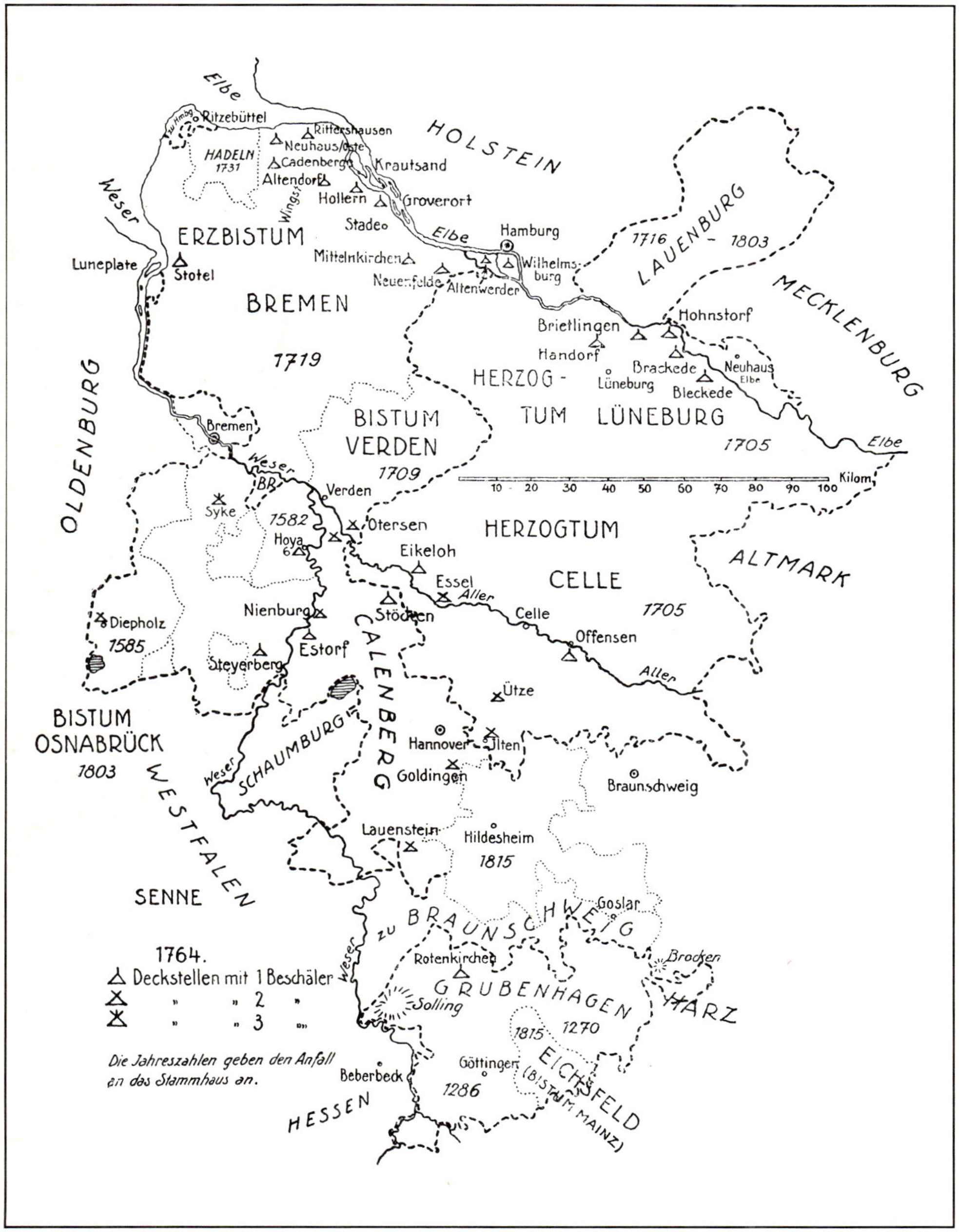

Die hann. Stammlande 1764x – das Zuchtgebiet des hann. Pferdes. Im Norden und Osten grenzen die heutigen Nachbarländer Schleswig-Holstein, Mecklenburg und Sachsen-Anhalt, im Süden Hessen und Westfalen.

westlicher Richtung über Holzminden, Bad Pyrmont nach Osnabrück und Nordhorn, dann in nördlicher Richtung die Ems hinauf bis Leer und über Emden bei Norden wieder an die Küste des Meeres – dies sind die Umrisse des hannoverschen Zuchtgebiets. Darüber hinaus gibt es hannoversche Reinzuchten in Oldenburg, Schleswig-Holstein, Hessen und Westfalen, meist in den Regionen der Landesgrenzen. Innerhalb des großen Raumes sind vor allem in den Flußniederungen von Ems, Weser, Aller, Elbe, Oste, Este, Ilmenau, Neetze, Jeetzel, Leine und Hunte von alters her Blütentriebe der hannoverschen Zucht angesiedelt.

In entscheidenden Jahrzehnten des 19. Jahrhunderts war mit hauptgestütähnlichen Zuchten Mecklenburg Zuchtgebiet für Hannover. In dieser Zeit kamen zahlreiche bedeutende Vererber in das Landgestüt Celle, deren Einfluß auf die Landespferdezucht neben englischen Hengsten von ausschlaggebender und zukunftweisender Bedeutung war. Um 1850 begann der unmittelbare mecklenburgische Einfluß allmählich zurückzugehen. Und noch später war dann Mecklenburg nach weitgehender Zerstörung seiner Zuchtstämme infolge zu wahlloser Vollblutbenutzung und bedenkenloser Kaltbluteinkreuzung auf Hannover angewiesen, um in langwieriger Aufbauarbeit wieder über ein durchgezüchtetes Warmblutpferd als Zuchtbasis verfügen zu können. Besonders wertvoll für die Profilierung des Hannoveraners waren damals die mecklenburgischen Gestüte Ivenack, Weitendorf-Zierow, Basedow, Klenz und das pommersche Gestüt Brook.

Marschen und Geestbezirke bestimmen das hannoversche Zuchtgebiet bodenmä-

Zu den für Hannover wichtigsten Gestüten in Mecklenburg gehörte die Besitzung Weitendorf-Zierow der Herren v. Biel – zwischen Wismar und Schwerin –, von denen Wilhelm Baron v. Biel hier eine der Weitendorfer Koppeln inspiziert.

ßig und landschaftlich. In den Flußniederungen und am Meer (Marschen) finden sich besonders schwere, üppige Weiden, die einer Entwicklung der Pferde deutlich förderlich sind und deren Volumen und Kaliber überdurchschnittlich ausprägen. In der Geest sind die Böden leichter und kalkarmer. Die Pferde erreichen hier im allgemeinen nicht die gleiche Stärke und Masse. Sie bleiben trockener. Veredelungen sind daher in den Marschgebieten notwendiger, wenngleich Kunstdüngerausgleiche heute auch in der Geest schon vielfach gewisse Entwicklungsangleichungen bewirken.

Der größte Teil der heute lebenden 15 000 eingetragenen Mutterstuten steht auf mittleren und kleinen Bauernhöfen. Großbetriebe mit umfangreichen Herden sind nur vereinzelt vertreten. Dieses breite bäuerliche Fundament gab und gibt der hannoverschen Zucht die ihr eigene Beständigkeit und Zuverlässigkeit. Experimente sind nicht gefragt. Das streng konservative Denken findet dennoch so viel Aufgeschlossenheit, daß einmal für richtig erkannte züchterische Verbesserungen mit großem Interesse und unter nachdrücklicher Aktivität erstaunlich schnell zum Ziel geführt werden.

Überwiegend Bauernhöfe, nicht selten noch im alten nieders. Stil, sind Träger der hann. Zucht (links Oberndorf an der Oste, wo eine Deckstation des Ldg. Celle untergebracht ist). Bäuerliche Züchter, wie hier Eibe Johanns, kennen viele Blutlinien und interessieren sich für züchterische Schauen aller Art . . .

. . . besonders auch für neue Beschäler ihres Bezirks, wie (rechts) bei der Vorführung des jungen Dominus nach seinem Eintreffen in Oberndorf am Ostedeich.

Lange bevor sich die Züchter 1921 in einem Verband zusammenschlossen, bevor ein Stutbuch geführt wurde, war das 1735 gegründete Landgestüt Celle Produktor und Regulator der hannoverschen Zucht. Die Celler Landstallmeister «regierten» nicht allein im Landgestüt und auf den Deckstationen, sondern nahmen weitgehend Einfluß auf die Landeszucht, auch durch Vergabe von Prämien, Entwicklung von Schauordnungen und Organisation des Remontierungsablaufs. Der Verband hannoverscher Warmblutzüchter e. V. und die Landwirtschaftskammer Hannover haben später eine Reihe wichtiger Aufgaben übernommen, diese noch ausgebaut und intensiviert. Das Landgestüt Celle verlor dadurch keine Perle aus seiner Krone, der die hannoverschen Züchter nach wie vor huldigen. Die junge Generation heute ist zwar kritischer, züchterisch wie reiterlich aufgeklärter, auch impulsiver, aber von der Haltung und den Formen ihrer Väter aus vielen Generationen unterscheidet sie sich nicht.

Die früheren Hofgestüte Herrenhausen, Neuhaus und Memsen sind heute fast vergessen. Sie wurden mit ihren Nachzuchtwerten in die bäuerlichen Zuchten über das Landgestüt Celle gleichsam integriert. Der

Weiter auf Seite 16

Regelmäßige Stutenschauen setzen seit jeher wachsende Maßstäbe. Unten eine noble, tiefe und ausdrucksvolle Stute bei der Louis-Wiegels-Regierungsbezirksschau 1975 auf dem Dobrock, wo zwei Richtergremien gleichzeitig die Wertungen durchführten (von links: Prof. Löwe, ein Züchter aus Dänemark, B. Müller und Dr. W. Hartwig).

Nichts mit der Landeszucht in Hannover zu tun hatten die Weißgeborenen der welfischen Sommerresidenz in Herrenhausen. Dies war eine Spezialzucht aus Liebhaberei. Einer der Galazüge mit Weißgeborenen ist hier in Herrenhausen nachgestellt und zeigt die ganze Pracht der damaligen Repräsentation.

Der Herrenhäuser Hof beherbergte seit 1844 ein hannoversches Hauptgestüt, das der Remontierung des Marstalls, vor allem aber der Produktion von Beschälern für das Landgestüt Celle diente.
Bis zur Auflösung des Hofgestüts am 1. April 1928 auf Anordnung des preußischen Finanzministers hat Herrenhausen 195 Deckhengste nach Celle geliefert, außerdem 74 Zuchthengste, die an private Hengsthalter und Genossenschaften abgegeben wurden. Die Zahl bedeutender Beschäler war erheblich. So lieferte der Hauptbeschäler Adonis xx mit Liane xx den Adeptus xx nach Celle, den Cicero xx nach Ostpreußen und den Werther xx nach Redefin. Aus der Blüthe v. Blenheim xx brachte Zernebog den großen Linienbegründer Flick. Y. Norfolk wurde hier geboren, später ein Hengst wie Flavius, der neben Feiner Kerl – wie Flenheim, Fling, Lorval oder Defilant in Herrenhausen aufgezogen – Hauptstammhalter des F-Blutes in Hannover wurde.
1938, zehn Jahre nach der Auflösung von Herrenhausen, trug sich die Preußische Gestütverwaltung vorübergehend mit dem Gedanken, in der Wesermarsch bei Verden an der Aller ein hannoversches Hauptgestüt einzurichten. Gustav Rau bezeichnete damals die Verdener Weidelandschaft als ein deutsches Irland.

Staat befaßte sich nur noch mit der Hengsthaltung, der Hengstaufzucht (Hunnesrück) und der Hengstprüfung (Westercelle, Adelheidsdorf). Er richtete 1925 in Osnabrück ein zweites, heute nicht mehr bestehendes Landgestüt für Hannover ein, weil Celle mit 500 Beschälern aus den Nähten platzte. Das alte braunschweigische, heute ebenfalls nicht mehr bestehende Landgestüt Harzburg kam später hinzu. 1921 erfolgte die Inbetriebnahme der staatlichen Hengstaufzucht in Hunnesrück und 1928 die Gründung der Hengstleistungs-Prüfungsanstalt Westercelle, seit 1976 in Adelheidsdorf. Beide Institutionen unterstehen von jeher dem Landgestüt Celle.

Zu den Quellen der hannoverschen Zucht gehörten besonders in den ersten Jahrzehnten unseres Jahrhunderts die Gebiete um Verden und Lüneburg. Von hier aus verbreiteten sich die Flingarth- und die Detektiv-Linie, die bleibenden Einfluß auf das ganze Zuchtgebiet gewannen. Im Verdener Raum waren die ersten staatlichen Deckstellen Otersen, Stedebergen und Oiste entstanden, zu gleicher Zeit im Land Wursten Nordholz, im Land Hadeln Kehdingbruch, im Hamburger Raum Altenwerder, im Lüneburgischen Handorf und

im Landkreis Burgdorf Hänigsen beispielsweise. Im Verdener und Lüneburger Raum hatte Norfolk gewirkt und von hier aus für einen längeren Zeitraum das ganze Zuchtgebiet erobert.
Gewichtige Schwerpunkte der Zucht wurden auch die Länder Hadeln und Kehdingen an der Elbe, während sich im Süden das Artland nördlich Osnabrück (Badbergen) mit in den Vordergrund brachte. Heute bestehen zwar diese Bezirke in hoher züchterischer Bedeutung weiter, aber es haben sich weitere Gebiete nach vorn gearbeitet, und so kann nicht mehr so eindeutig von einzelnen, alles bestimmenden Quellen die Rede sein. Hänigsen etwa, gestern noch eine gute Station der Mitte, ist heute mit acht Celler Hengsten die größte des Landes, mit einem so bedeutenden Vererber wie Gotthard an der Spitze.

Im Hofg. Herrenhausen wurde eine bemerkenswerte Zahl wertvoller Hengste gezüchtet, so auch der Linienbegründer Adeptus xx.

Mit Gastspielen begann das Ldg. Celle in Berlin 1924 (oben). 1976 paradierten Celler Hengste in der Londoner Olympia Hall . . .

. . . 1976 in Neddernhude bei Verden mit vier Rappen, die den um die hann. Zucht hochverdienten LdR Ratje Niebuhr nach Oiste zur letzten Ruhe brachten.

Heute gibt es zwei größere Privatgestüte mit rund 50 Mutterstuten in Hannover, die Gestüte Amselhof bei Winsen an der Aller (H. J. Kemmer) und Ankum (Dr. A. Schmidt). Die Masse der bäuerlichen Zuchtbetriebe hält zwei bis drei Stuten. – Stutenschau in Freiburg an der Elbe (unten).

Seite 16:
Junghengste des zweiten Aufzuchtjahrs auf der Weide in Hunnesrück. Hier wächst etwa die Hälfte des für Celle benötigten Jahrgangs heran. Die andere Hälfte kommt aus der Privataufzucht.

Bis zu diesem Zeitpunkt, da der Olympiasieger 1976, Warwick (links), die Weltmeisterin Simona, viele andere Olympiasieger und Weltklassepferde der hann. Zucht aus dieser oder vergangener Zeit das berühmte pferdekopfstilisierte Markenzeichen begehrt machten, vergingen seit 1735 fast 200 Jahre.

Nach dem Ersten Weltkrieg gab es den «Uelzener Stall», dessen sich die fortschrittliche Züchterschaft bediente, um eine Marktveredelung ihrer jungen Pferde zu betreiben. Später besorgten dies vor allem die Reit- und Fahrschulen Verden, Hoya und Jork. Kehdingen besaß früher einen hervorragenden Reitklub, der auf nationalen Wettkämpfen vertreten war, und zahlreiche andere ländliche Reit- und Fahrvereine im Zuchtgebiet ritten gleichsam für Hannover, dessen Landesmannschaften im Reichs-, später Bundeswettkampf oft genug eine führende Rolle spielten.

Seit 1949 übernahmen die nach modernen Gesichtspunkten entwickelten Verdener Auktionen eine beispielgebende Rolle für das Herausbringen junger Pferde, deren Reitausbildung und deren Verkauf nach Berlin, in die Bundesländer und in das Ausland. Verden wurde zum eigentlichen Mittelpunkt des hannoverschen Zuchtgebiets. Zu den hier bereits ansässigen Hengstkörungen und Reit- und Fahrturnieren kam die Reitschule und kamen die Verdener Auktionen. Diese wurden zum Schrittmacher der züchterischen Bemühungen und zum Maßstab für die Preisbildung im Lande.

Mittlerweile ist das Zuchtgebiet ausgedehnt worden in transatlantische Länder. So gibt es in Kanada eine hannoversche Reinzucht in Calgary mit hannoverschem Brand, die vom Verband in Hannover regelmäßig betreut wird. Die früheren Nachzuchtländer Mecklenburg (mit Vorpommern), Brandenburg und Westfalen sind eigenständig und eigenprofiliert, bedienen sich aber Originalblutes aus Han-

nover. Dies gilt auch für fast alle anderen Bundesländer außer Schleswig-Holstein und für viele europäische Länder wie Schweden, Dänemark, Holland, Belgien und Luxemburg. Von den Ostblockstaaten sind Ungarn, Polen und Rußland an hannoverschen Zuchtimporten interessiert.
Das Land, in dem die Hannoveraner wachsen, ist weitgehend land- und forstwirtschaftlich geprägt. Die Scholle ist pferdefreundlich, kaliberbildend und die Robustheit fördernd. Daher ist Hannover von jeher gezwungen gewesen, ständig, aber wohldosiert zu veredeln, um Knochenstärke und Wuchtigkeit in Maßen zu halten und die Härtegrade nicht absinken zu lassen. Kaum anderswo in der Welt gibt es noch so viele Gewichtsträger im Huntertyp, die niemanden im Stich lassen, so viele solide, robuste Mutterstuten, so überwiegend große, wohlgeformte Gelenke und korrekte Bewegungen wie hier.
Viele Weiden werden von der Nordsee bespült, Stürme fegen die Küste entlang, Elbe und Weser überschwemmen die Marschweiden der Niederungen und jagen die Pferde hinter die Deiche, wohin sie nicht selten nur noch schwimmend gelangen, wenn der Sturm plötzlich zuschlägt. Am Rande der Lüneburger Heide grasen sie geborgen dahin, und im Harz klettern sie weidend von Hang zu Hang und galoppieren dann wieder auf hoher Ebene.
Große Städte und Industriebezirke fressen sich in dieses Land, das immer noch reich ist an Naturschönheiten, weiten Weidegefilden und wertvollen Pferdebeständen. Auch die Eichen sind noch nicht ausgestorben. Es gibt hier noch so etwas wie eine heile Welt – wenn man eben absieht von unabänderlichen zivilisatorischen Erscheinungen.

«Hannoversche Pferde» gibt es seit fast einem Vierteljahrhundert. Wie sie wurden, was sie heute sind, bedurfte langwieriger Anstrengungen, oft harter Auseinandersetzungen, passionierter Zielstrebigkeit.

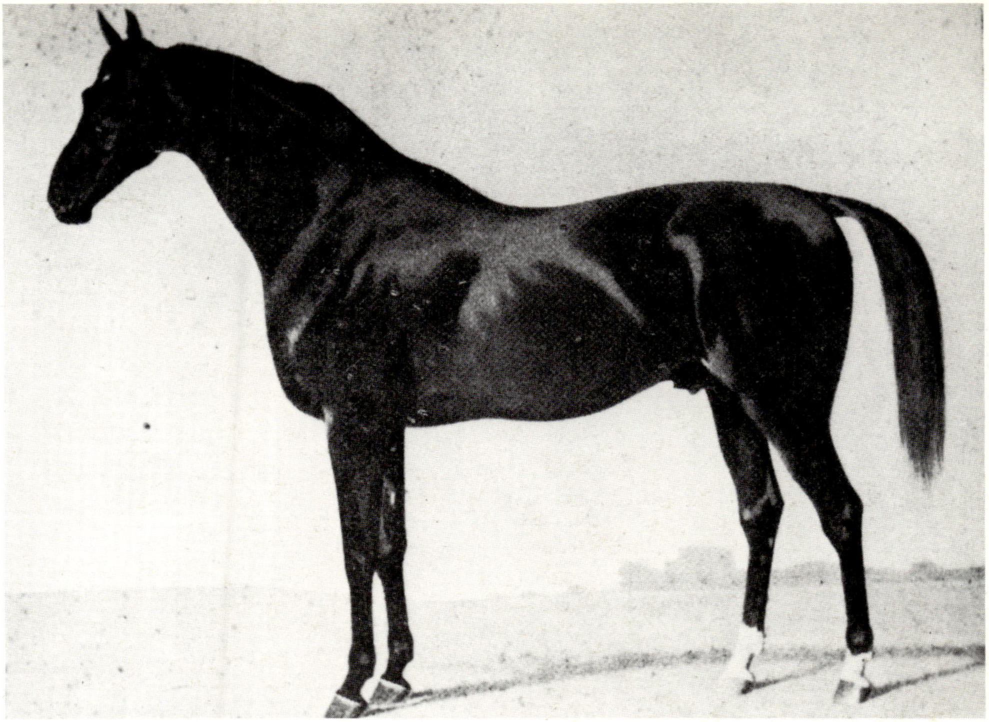

Trotz mancher Zuchtzielveränderungen ist der Hannoveraner seinem Urtyp treu geblieben, besonders in seinen Schwergewichtserscheinungen. Hier zum Vergleich Alhambra, geb. 1855, Ldb. Celle.

Eine individuelle, echt gezielte Erprobung hann. Nachwuchspferde begann 1949 mit Training und Test zu den Verdener Auktionen. – Reinhard Baumgart (unten) mit einem Dominik-Sohn auf der Rennbahn.

Die Entwicklung des Hannoveraners im Spiegel zeitgeraffter Geschichte

Pferde gab es schon seit eh und je im Lande der Niedersachsen. Aber noch keine gezüchtete Kulturrasse. Für das Zuchtgebiet Hannover wurde für das Entstehen und Werden eines typisch hannoverschen Pferdes 1735 mit der Errichtung des Landgestüts Celle der Grundstein gelegt. «Zum Wohle des Landes», wie König Georg II. ausdrücklich betonte, «und zum Besten unserer Untertanen».

Die Entwicklung des hannoverschen Pferdes kann man besser verstehen, wenn man sie einordnet in einen größeren geschichtlichen Zusammenhang. Dies geschieht auf den folgenden Seiten mit einer nach Jahren oder Zeitabschnitten gegliederten Übersicht. Sie erleichtert wesentlich, den Weg des Hannoveraners durch die Jahrhunderte zu verfolgen, seine Geschichte, seine Zucht, seine Erfolge.

Das Ldg. Celle besitzt von jeher das Vertrauen der heute 11 000 Züchter mit 13 000 Mutterstuten. Auf diesen alten bäuerlichen Höfen beschäftigt man sich zumeist viele Generationen mit der Zucht hann. Pferde. Mit den Schwalben zusammen kommen in jedem Frühjahr die staatlichen Celler Beschäler auf ihre bezirksweise eingeteilten Deckstationen.

um 1400

Um 1350 Gründung der Georgenburg (Bild) bei Insterburg, die gleichzeitig einer Stuterey diente und noch 1944 das Ldg. gleichen Namens beherbergte, das 1945 mit rund 500 Beschälern auf die Flucht ging.

Erste Anfänge der Wehlauer Pferdemärkte.

Handelspreise: Ritterpferd 12—18 M, Remonte 6 bis 12 M, Schweike 3—6 M, Milchkuh 3—4, Schwein ½ M, Schaf ½ M.

Das Niedersachsenroß erscheint erstmals 1361 als Wappen in einem Siegelring am Hofe der Welfen (Bild).

1464 erobert Häuptling Ulrich Cirksena Ostfriesland.

Nidersax

Erste Hinweise auf eine Pferdezucht in Harzburg.

Um 1490 ist nach zweihundertj. Bauzeit der Dom zu Verden (Bild) fertiggestellt.

um 1500

1490: Gründung des G. Sababurg als Vorläufer von Beberbeck.

Kg. Heinrich VIII. (1509—47) führt in England erste Versuche mit einer Landbeschälung durch.

1532: In Dänemark wird das G. Frederiksborg in Betrieb genommen.

1536: Begründung des bayer. Hofg. Rohrenfeld.

Hzg. Johann Albrecht v. Mecklenburg richtet in der 2. Hälfte des 16. Jahrhunderts eine Landbeschälung ein.

Unter allen Städten Niedersachsens steigt Braunschweig zur reichsten und größten auf und zählt mit 20 000 Einw. zu den wenigen Großstädten Deutschlands (um 1500).

1560: Das Schloß in Bückeburg ist fertiggestellt.

1577: Die Posthalterei in Verden, heute Bibliotheksgebäude des Deutschen Pferdemuseums — Hippologisches Institut (Bild), wird bezogen.

Erste Erwähnung eines G. bei Hoya (Memsen?).

1570: Die «Allerheiligenflut» der Nordsee verschlingt 100 000 Menschen.

1573: Hzg. Ludwig v. Württemberg begründet das Hofg. Marbach an der Lauter.

um 1600

1603: Rattenfängerhaus in Hameln.

1607: Erster Kartoffelanbau in Niedersachsen.

Georg Friedrich läßt die Stuten seiner G. nach Farben aufteilen.

1623—31: Ältestes dt. Gestütbuch wird in Schlobitten von Gf. Dohna geführt.

Gf. Anton Günther v. Oldenburg wird als «Stm. des Hl. Röm. Reiches» (1603—67) bezeichnet. Hohe Standesbeamte bedienen sich zu dieser Zeit bereits der Kutsche.

1644: Letztes Wildpferd in Preußen.

1646: In Leipzig wird der Gelehrte Gottfried Wilhelm Leibniz geb., der ab 1676 als Philosoph, Erfinder und Entdecker am hann. Fürstenhof tätig war.

1649: Die erste fürstl. Thurn- und Taxissche Fahrpost fährt von Leipzig nach Hamburg.

1652: Von Wolfenbüttel gehen nach dem Dreißigjährigen Krieg die wertvollsten musikalischen Anregungen für das Land Niedersachsen aus.

1660: Schloß Herrenhausen bei Hannover, Sommersitz von Hzg. Johann Friedrich, mit einzigartigen Gärten.

1665: In Frankreich wird durch Colbert, Finanzmin. Ludwigs XIV., die staatl. Gestütverwaltung begründet.

1665: Hzg. August v. Braunschweig erhebt Harzburg zum Hofg.

1674: Gründung des Schloßtheaters in Celle.

1680: Der erste der drei Stammväter des engl. Vollbluts, Byerley Turk, wird im Orient geboren.

um 1700

1688: Als Sohn eines OStm. geb., wird Gerlach Adolph Frhr. v. Münchhausen einer der gewichtigsten Geh. Räte Georgs II. Auch veranlaßte er maßgeblich die Gründung der Univ. zu Göttingen (1737).

1699: Beginn der Landbeschälung in der Pfalz.

1701: Krönung Friedrichs I. zum Kg. von Preußen in Königsberg. 1000 Marstallpferde und 30 000 Pferde

für Vorspanndienste bringen die Majestäten mit ihrem Gefolge von Charlottenburg nach Königsberg.

1702: Der zweite Begründer der engl. Vollblutzucht, Darley Arabian, wird in der Wüste geb.

1710: Georg Friedrich Händel wird kurfürstl. Kapellmeister in Hannover. Johann Sebastian Bach studiert in Celle und Lüneburg die Kunst der Pariser Komponisten.

1714: Das franz. Staatsg. Le Pin in der Normandie ist fertiggestellt.

um 1732

1722: Kf. Friedrich August I. v. Sachsen (August der Starke) gründet das Hptg. Graditz bei Torgau an der Elbe.

1724: Lgf. Karl I. v. Hessen erhebt Beberbeck bei Hofgeismar, Bez. Kassel, zum mit Sababurg vereinten Hofg.

1724: Godolphin Arabian, der dritte der drei Vollblutstammväter, wird geboren.

1732: Das «Kgl. Stutamt Trakehnen» wird durch Friedrich Wilhelm I. begründet und mit 1100 Pferden, darunter 513 Mutterstuten, als Hofg. belegt.

1735: «Zum Besten des Landes» beginnt das hann. Ldg. Celle als Gründung Kg. Georgs II. seine Tätigkeit. Als erster Leiter amtiert der frühere Oberjäger der Parforcejagd, G. Roger Brown (1735—48). Der erste Hengstbestand besteht aus 12 Holsteiner Rappen. 1748—64 folgt Brown als Stm. dessen Schwiegersohn Bernhard Ludwig Stegemann.

Im Siebenj. Krieg werden die Gebäude und Einrichtungen des Celler G. ruiniert, der Hengstbestand bei mehreren Fluchten dezimiert. Erst 1763 kehrt wieder Ruhe und Ordnung im Ldg. (Bild) ein.

1737: Gründung der Univ. Göttingen.

1740: Das Jagdschloß Clemenswert bei Sögel wird als eine der herrlichsten Schöpfungen dt. Baukunst von dem Kölner Kf. Clemens August im Emsland errichtet.

um 1750

1745: In Frankreich beginnt das Hptg. Pompadour auf arab.-engl. Basis seinen Zuchtbetrieb.

1755: In der Pfalz entsteht das Ldg. Zweibrükken unter Hzg. Christian IV.

1755: Gerhard Johann David v. Scharnhorst (Bild), der große Reformator des Heeres, wird in Bordenau (Hann.) geb. und besucht 1773—78 die Militärschule am Steinhuder Meer.

1755: Die erste Hengstkörung in Deutschland wird in Ostfriesland durchgeführt. In anderen Ländern folgen Hengstkörungen sehr viel später.

1760: Georg III. besteigt den Königsthron für Hannover und Großbritannien.

1764: In England wird in einer Sonnenfinsternis der große Stammhalter des Vollbluts, Eclipse (Bild), geb.

Um die Mitte des Jahrhunderts stellen Trakehner Pferde einen neuen Reiserekord auf. Sie unterbieten die Standardzeiten auf der Strecke Berlin—Königsberg um 24 Stunden.

1768: Fürst Wilhelm V. begründet das Ldg. Dillenburg in Hessen.

um 1787

Auf Stegemann folgt 1764 Stm. Friedrich Wilhelm Elderhorst als Leiter des Ldg. Celle (bis 1790). Unter ihm gibt es wesentliche Grundstückzukäufe und Bauarbeiten, zumal 1774 ein Blitz den Langen Stall in Flammen aufgehen ließ. — Die Fuchsfarbe dominiert im Ldg. und damit im Lande.

Der engl. Vollbluthengst Westow (Bild) wirkt zuchtverbessernd in Celle. Er liefert Garrick xx, Linienbegründer der Hogarth-Linie (z. B. Helgoland I, Vater der Mutter von Ferdinand).

1778: Errichtung einer Tierarzneischule in Hannover, ab 1787 Tierärztliche Hochschule.

1784: Albrecht D. Thaer (geb. 1752 in Celle, gest. 1828) wird Mitgl. der Landw.-Ges. und beeinflußt 1811 das Gesetz «Zur Beförderung der Landeskultur». — Thaer-Gesellschaft.

Exportverbot für Vollblüter in England. Als 1760 Ferdinand Gf. v. Kinsky trotzdem unter persönlicher Aufsicht einen Hengst und vier Stuten über den Kanal befördert, wird Geschützfeuer eröffnet.

1786: In Ivenack (Meckl.) wird der Linienbegründer Morwick Ball geb.

1790: Johann Georg Christoph Koch übernimmt das Ldg. Celle bis 1803. Er setzt die baulichen Aufgaben fort, hält den Hengstbestand auf 100 Kopf und läßt bereits 1795 wegen der gespannten politischen Lage Ausweichquartiere in Mecklenburg erkunden. Erste offiz. Dienstanweisung an das Gestütpersonal.

um 1790

1791—1805: Der 1784 geborene Turkmainatty wirkte als Hptb. im Friedr.-Wilh.-G. in Neustadt und deckte auch Trak. Stuten.

1789: Dem Friedr.-Wilh.-G. in Neustadt wird das Ldg. Lindenau angegliedert.

1790: Eine Pferdezählung ergibt für Preußen einen Bestand von 530 000 Kopf.

1790: Als bayer. Hofg. wird Rohrenfeld in Betrieb genommen.

1791: In Ihlenfeld (Meckl.) kommt der Stammhengst Großvenor zur Welt.

Für Prämien auf abgelieferte Remontepferde stehen 1790—99 durchschnittlich 854 Taler i. J. zur Verfügung.

1792: Erste Steeplechase (12875 m) in Leicester.

1792: Stm. Koch führt im Ldg. Celle eine Witwenkasse ein.

1793: Erstes General Stud Book.

1793: Der berühmte Herodot (v. Morwick Ball) wird in Ivenack geb. Durch zahlreiche Söhne nimmt er Einfluß auf die hann. Pferdezucht.

um 1800

1797: Ks. Joseph I. begründet das Zuchtg. Babolna in Ungarn.

1798: 45 km westlich von Graz ist das Staatsg. Piber fertiggestellt.

Der spätere FM v. Wrangel dient mit zwölf Jahren ab 1796 bei den Dragonern in Wehlau.

1800: Privatg. Szirgupönen Kr. Darkehmen gegründet.

1802: Napoleon reorganisiert die durch die Revolution zerstörten Gestütanstalten in Frankreich.

1803: Der Celler Hengstbestand flüchtet nach Ivenack und kehrt 1807 stark dezimiert nach Celle zurück.

1810—13: Hannover fällt an das Kgr. Westfalen unter Jérôme Bonaparte.

1814: Nach Jahren der Führungslosigkeit erhält das Ldg. Celle VizeOSattelm. August Georg Carl Christian v. Staffhorst (60) als neuen Gestütdirigenten (bis 1815). — In der Zeit des Krieges geht das Hofg. Memsen nach England (1803—14).

OStm. Graf v. Kielmannsegg schlägt vor, Prämien auf gute Stuten auszusetzen.

Die Zuchtbestände aus Triesdorf (1798) sind in Trakehnen und Neustadt teilweise bodenständig geworden.

Das Reichspostgeneralat erlischt. Es gibt jetzt 30 verschiedene Territorialposten auf dt. Boden.

um 1815

1816: VizeOStm. Gen.-Major August Frhr. v. Spörcken übernimmt das Ldg. Celle (bis 1839). In seiner Amtszeit erfolgt die Hengstremontierung, wie schon bei Koch und v. Staffhorst, in erster Linie in Mecklenburg. Er bringt die Zahl der Landbeschäler von 65 auf 162 (1839).

1816: Werner v. Siemens, Wirtschaftsführer und Erfinder, wird auf Gut Lenthe bei Hannover geb. (gest. 1892 in Berlin).

1817: Erstmalige Ausgabe der 1816 bewilligten G.-Livreen: roter Rock, blauer Kragen, Aufschläge und Goldtressen.

1815 bringt der Verdener Bürger Johann Hinrich Oelfke zusammen mit seiner Ehefrau Annadorothea Adelheid geb. Bloethe eine schwere Steintafel an seinem Hause an: «Wir haben Freude am Pferd».

1817: Kg. Wilhelm I. v. Württemberg legt das Hofg. Weil an.

1819: Die Preuß. Postverwaltung führt Eilwagen ein. Diese legen z. B. die Strecke Berlin—Magdeburg — bislang zwei Tage und eine Nacht — in 15 Stunden zurück.

um 1820

In Güstrow (Meckl.) werden regelmäßig Tierschauen veranstaltet, die Interessenten aus den benachbarten Ländern anziehen.

In England wird 1818 Robin Hood xx, Rapphengst v. Mouley und Miss Witch v. Sorcerer, geb., der in

Mecklenburg die für Hannover so wirkungsvollen Celler Hengste Black Comet, Cavalier und Phönix liefert.

1820: Erste Hengstkörung in Oldenburg.

1820: In Bierde Kr. Fallingbostel errichten die Züchter eine Gedenktafel für den Ldb. Torador (v. Grosvenor), der ihnen viel Vermögen ins Dorf gebracht hat.

1811—30 wird Tajar (Bild), früherer Reithengst eines von Mehmed Ali hingemetzelten Mamelucken, zum Stammvater der Orientalenzucht in Ungarn.

1825: Der Saupark in Springe entsteht, dazu ein Wisentgehege.

1826: Gründung des Ldg. Warendorf für das Zuchtgebiet Westfalen.

1829: Der Stammhengst Beiram (Bild) wird in Mecklenburg geb.

um 1830

1828: v. Simpson wird neuer Besitzer von Georgenburg und richtet hier eine Privatzucht ein (Vgl. den Roman *Die Barrings*.)

1831: Wilhelm Baron v. Biel führt das erste Union-Rennen durch.

1831: In England wird Touchstone xx, der auf die Zuchten in Deutschland Einfluß nimmt, geb.

1832: Erstmalig Sicherstellung der Remontierung im Inland.

Seit 1832 Verein. Haupt- und Landg. Redefin unter dem Ghzg. v. Mecklenburg.

1832: Wilhelm Busch, Dichter und Maler, wird in Wiedensahl bei Loccum geb. (gest. 1909 in Mechtshausen, Harz).

250 000 Pferde im Land Hannover gezählt. Davon werden 35 000 zur Zucht benutzt.

1832: Harzburg wird Ldg.

1834: Einführung von Pferderennen in Celle.

In Österreich organisiert Gf. Hardegg das staatl. Gestütwesen (zwischen 1830 und 1840).

Polen kauft in Ostpreußen 1500, bald darauf 2000 Pferde (um 1830).

1836: Erste Grand National in Liverpool. Erstes Derby in Frankreich.

um 1840

Friedrich Frhr. v. Spörkken löst seinen Bruder August als Dirigent des Ldg. Celle (1839—66) ab. Bei seinem Onkel, Gf. v. Plessen, in Ivenack erzogen.

Die 1834 eingeführten Celler Pferderennen bewirken ein zunehmendes Interesse am Vollblut. Im Ldg. wächst die Zahl der Vollbluthengste.

1838: Neuer Beschälerstall in Landshut (Bayern), später Ldg.

1839: Kg. Ernst August überweist 26 Marstallhengste aus Hannover an das Ldg. Celle, das damit auf einen Bestand von 200 Hengsten kommt.

1839: Gründung des rhein. Ldg. Wickrath (Bild).

1840: Das Hofg. Memsen (Gfsch. Hoya) wird aufgelöst.

1844: Das Zuchtgebiet erhält seine erste Körordnung.

1843: In Mecklenburg wird der für Hannover bedeutungsvolle Norfolk geb. (Bild).

1844: Einweihung des Ldg. Ansbach (Bayern).

um 1850

Y. Confederate xx wirkt in Celle und ist durch seine Vererbung äußerst begehrt. 1859 beendet er, fünfundzwanzigj., auf Station Otersen Kr. Verden seine Tätigkeit (942 Stuten, 646 Fohlen).

1848/49 kauft Ldstm. v. Spörcken in Mecklenburg und Pommern das später so berühmte «Dreigestirn» Norfolk (Ihlenfeld, 1123 Taler), Zernebog (1127 Taler) und Jellachich (Brook, 990 Taler) für Celle an; dazu im Hofg. Herrenhausen den Begründer der heutigen F(W)-Linie, Flick, für 665 Taler.

Zernebog

Jellachich

1847 und 1849 werden in England zwei für die Pferdezuchten in Deutschland einflußreiche Vollbluthengste geb.: Voltigeur xx (Tempelhüter) und Stockwell xx (Adeptus xx, Hann.).

Aus Trakehnen wird 1852 der dort als Hptb. verwandte The Nigger xx dem Ldg. Celle überwiesen.

Robert Koch, der große Mediziner, wird 1843 in Clausthal (Harz) geb. (gest. 1910 in Baden-Baden).

um 1855

In der Sorge um eine zu einschneidende Vollblutveredelung werden in England Hengste der schweren Coach horses nach Celle geholt. So auch Champion (Bild), der 1853—77 unedle, aber derbe und hochbezahlte Fohlen liefert.

Der Pferdemaler Volkers malt Norfolk, Zernebog und Jellachich.

Zu den schweren englischen Hengsten gehört zu dieser Zeit auch Holderneß (1844—61) in Celle. Die Gastwirtschaft seiner Deckstelle in Oiste Kr. Verden heißt seither «Zum Holderneß».

1853—56 nennenswerte Grundstückvermehrung für das Ldg. Celle. Neubau verschiedener Stallungen (Garten- und Boxenstall) und Gebäude.

Kontrastierend zu den gewaltigen Hengsten aus England: ein Araberhengst des Abbas Pasta I, eines ägypt. Khediven zu dieser Zeit. Celle benutzt viele Jahrzehnte hindurch keine Beschäler der arab. Rasse.

Nabocklish, Irish Draught House, der Stammvater der Schlütter-Linie, geb. 1854 in England v. Spencer. Dieser mächtige Beschäler wurde nach fünfj. Tätigkeit in Celle (ab 1864) als Hptb. nach Graditz (1869—71) versetzt.

1858: Erstes Rennen in Baden-Baden.

um 1860

Ab 1860 findet der künstliche Dünger, eine Erfindung des Chemikers Justus v. Liebig (Bild), in der Landwirtschaft ver-

breitet Verwendung.

Der Physiker Max Planck, 1858 in Kiel geb., veröffentlicht 1900 seine Quantentheorie und revolutioniert damit das ganze physikalische Denken (gest. 1947 in Göttingen).

1860: Der Linienbegründer Jason (geb. Meckl. 1857) beginnt in Celle seine Laufbahn. Zu seinen wichtigsten Stammhaltern gehören später Jasperding, Jassy, Journalist, Juragold.

1863: Anläßlich der internat. Landw. Ausstellung wird im Ldg. Celle eine Stallparade abgehalten. Ein Sonderzug holt die Gäste von Hamburg ab. 38 Vollbluthengste, 113 Hengste des Reit-, Jagd- und Wagenschlags, 56 Hengste des Wagenschlags und 16 Hengste zum Zuge und vom Arbeitsschlag, damit der ganze Bestand, werden gezeigt.

1862/63: Die hann. Hengste Graf Wedel und Agamemnon gehen nach Oldenburg in die Zucht.

1860: 3 Mio. Heidschnukken werden in Niedersachsen gezählt (Bild).

um 1864

Ab 1868 wird Ldstm. v. Unger (bis 1891) mit der Leitung des Ldg. Celle betraut. Er reguliert die zu starke Verbreitung des Norfolk- und Schlütter-Blutes und schafft die Voraussetzung für die Bildung neuer und zahlreicher Blutlinien.

1865: Der Linienbegründer Flick wird geb.

1866: Das Kgr. Hannover wird preußisch.

1867: Einrichtung des Ldg. Traventhal bei Bad Segeberg für die holst. Warmblutzucht.

Der «Dichter der Lüneburger Heide», Hermann Löns, wird 1866 in Kulm (Westpr.) geb. (gef. 1914 bei Reims).

1868: Erstes Österreichisches Derby in der Wiener Freudenau.

1869: Erstes Deutsches Derby in Hamburg.

1869: Das Vollblutg. Schlenderhan bei Köln entsteht.

Der Celler Ldstm. Friedrich v. Spörcken kauft in England den Vollbluthengst Saunterer xx für 17 059 Taler.

um 1870

1870: Die zweite Deutsche Reichspost wird begründet.

1870: Kg. Wilhelm I. von Preußen wird dt. Kaiser.

Werner v. Spörcken, Lüdersburg, ein Sohn des älteren v. Spörcken, steht dem Körungs- und Prämiierungswesen vor und stiftet hier über einen längeren Zeitraum viel Nutzen.

1873: Das Prämiieren von Stuten und Stutfohlen wird erstmalig systematisch auf breiterer Basis im hann. Zuchtgebiet durchgeführt.

Hoffmann v. Fallersleben, geb. 1798 in Fallersleben (Brschw.), Dichter (Deutschlandlied) und Germanist, stirbt 1874 in Corvey.

1875: Der hann. Beschäler Emigrant geht nach Oldenburg.

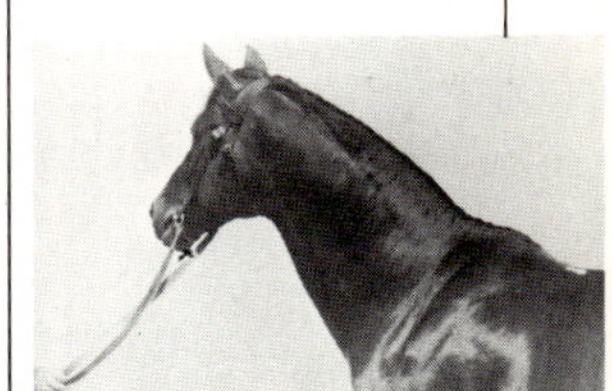

Einer der typsichersten Vererber aller Zeiten: Flügel, Hptb. Trakehnen 1873–87, dessen Typsicherheit ab 1946 in Hannover v. a. über Abglanz weitergegeben wurde.

1875—1914 werden rd. 470 hann. Remonten i. J. an die schweiz. Kavallerie verkauft.

um 1877

1880 wird im Hofg. Herrenhausen v. Adonis a. d. Liane v. Blenheim der Vollblüter Adeptus xx geb. Er begründet eine heute noch lebendige Blutlinie (z. B. Eindruck II und Einblick, Ernö).

Seit 1867 leitet G.-Insp. Schrenk das Hofg. Herrenhausen (bis 1893), wo er von 172 gekauften Hengstfüllen 102 zu Beschälern aufzieht und außerdem 35 Hengste aus eigenen Stuten für das Ldg. Celle liefert.

1874: Ostpreuß. Pferde erregen Aufsehen bei der intern. Ausstellung in Bremen.

1874: Chamant xx, einer der besten Vollbluthengste im Reich, wird im Hptg. Graditz geb.

1875: Erste Pardubitzer Steeplechase.

1876: Gründung des pomm. Ldg. Labes Kr. Naugard.

1877: Der erste Band des Trakehner Stutbuchs mit mehr als 1200 Druckseiten erscheint.

1878: Erstes Derby in Amerika (Kentucky).

1879: Erfindung der Glühbirne.

1879: Erste Körordnung für Westpreußen.

1882 bringt die Adeptus xx-Mutter Liane xx in Herrenhausen den Vollblüter Cicero (v. Chamant xx), der in Ostpreußen größeren Einfluß gewinnt. Außerdem zwei Ldb. für Mecklenburg und die Mark.

50% der Celler Hengste sind bereits im hann. Zuchtgebiet geb.

um 1885

Die Ldb. in Ostpreußen bringen je Hengst einen Überschuß von 37 M, während sich im übrigen Reich ein Unterschuß von 400 M ergibt.

1883: Richard Wagner stirbt.

1885: Das Ldg. Celle besteht 150 Jahre. Das Ereignis wird nur intern gefeiert.

1880—1913 werden aus der hann. Zucht etwa 1200 Remonten i. J. angekauft.

Die Befruchtungsziffer hat im Gegensatz zu 1868 (ein Jahr besonderen Tiefstands) mit 62% u. 52,5% lebenden Fohlen einen Hochstand erreicht (71,5%: 65%).

1885: In Celle stehen 215 Ldb. Außerdem sind 77 Privatbeschäler zugelassen.

1885: Der Benzin-Kraftwagen wird erfunden.

Im Hofg. Herrenhausen wird 1886 der große Vererber Flenheim (v. Flick u. Blüthe v. Blenheim xx) geb. (Bild). Er liefert 23 Beschäler und 94 Hauptstutbuchstuten, v. a. den berühmten Flingarth.

um 1888

1887: Erste Ausstellung der Deutschen Landwirtschafts-Gesellschaft (DLG).

Das hann. Stutbuch wird begründet.

Erstes Training der Celler Hengste (systematische Galopparbeit, später nur noch Trabarbeit).

1888: Ks. Wilhelm I. stirbt. Sein Sohn Friedrich regiert nur 100 Tage. Wilhelm II. (Bild) übernimmt die Krone.

1890: Das erste Ostpreuß. Stutbuch erscheint.

1890: Erste allg. dt. Pferdeausstellung in Berlin mit 1500 Pferden auf dem Gelände am Bahnhof Zoo.

1891: Helmuth v. Moltke stirbt.

1889: Der Eiffelturm in Paris wird eingeweiht, ein Zeugnis für den Beginn des Zeitalters der Technik.

um 1895

Nach einj. Tätigkeit als neuer Celler Ldstm. (1891) geht Frhr. v. Stenglin nach Redefin (Meckl.) und übergibt Ldstm. Dr. Grabensee (Bild) das Ldg. Celle (1892—1915).

Das Blut des Hptg. Beberbeck (mit dem Trakehner Blut identisch) kommt über Optimus (Hptb. Beberbeck und Trakehnen), bes. über Opticus und Colorado in die hann. Zucht. Zugleich kommen weitere bedeutende Beberbecker nach Celle: Orinocco und Lorbeer.

1896: Das Ldg. Lindenau (Neustadt, Dosse) beschäftigt zu 39% hann. Hengste.

1899: Reichskanzler Otto v. Bismarck stirbt in Friedrichsruh.

Der Kingdom xx-Sohn King (geb. 1890 a.e.St.v. Norfolk — The Nigger xx) hat in Celle eine Beschälerbox bezogen (Bild) und bringt u. a. die Mutter des Flingarth und den Vererber Kirkland.

um 1900

1900: Napoleon III. vollendet in Frankreich den Wiederaufbau der Gestütanstalten mit der Einrichtung von 22 neuen Hengstdepots.

1900—05: Das General Stud Book meldet einen Export von 1514 Hengsten und 2038 Stuten.

1900: In Celle beginnt Nelusko, Sohn des Ostpr. Neckar, seine Gestütlaufbahn.

1901: Der zweite Band des Trakehner Stutbuchs erscheint.

1902: Der Araber Amurath I beginnt in Celle seine Laufbahn und gründet eine Hengstlinie. Er liefert nur Schimmel.

1903: Gründung des Pomm. Stutbuchs.

Auf dem Pferdemarkt Wehlau werden zu dieser Zeit 20 000 Pferde i. J. geschätzt.

1903: Der Trakehner Ldstm. v. Oettingen kauft den berühmten Perfectionist xx in England, B., geb. 1899, Hptb. Trakehnen 1904—06.

Aus Rußland wird überliefert, daß dort 6 staatl. Hptg. und 30 Ldg. bestehen, außerdem 4000 Privatg., darunter 1500 der Traberrasse.

um 1905

Die ersten Meuten in Deutschland werden gegr.

1904: Gründung des Westf. Pferdestammbuchs.

Im pomm. Ldg. Labes stehen u. a. 23% hann. und 23% ostpr. Hengste.

Die Ostpreußen bzw. Graditzer Augur II, Anselm, Neckar (Nelusko), Sport, Geßler, Sileen, Morgenstern, Erlkönig, Marocco, Andermatt und Feuerstein gehören zum Celler Bestand und gründen Hengstlinien oder verankern sich wirkungsvoll in zahlreichen Mutterstämmen.

1905: Dark Ronald xx, der bisher erfolgreichste Vollblutvererber in Deutschland, wird in England geb. Nach Ankauf für 500 000 M bezog der Beschäler 1914 eine Box in Graditz (bis 1927).

Ein Jahr nach Tempelhüter in Trakehnen wird 1906 der berühmte Flingarth (v. Flenheim und Kimbale v. King) auf dem Bauernhof von Fritz Siebrand in Ahnebergen Kr. Verden geb. Dieser Hengst (Bild) nimmt außerordentlichen Einfluß auf die hann. Zucht bis zum heutigen Tag.

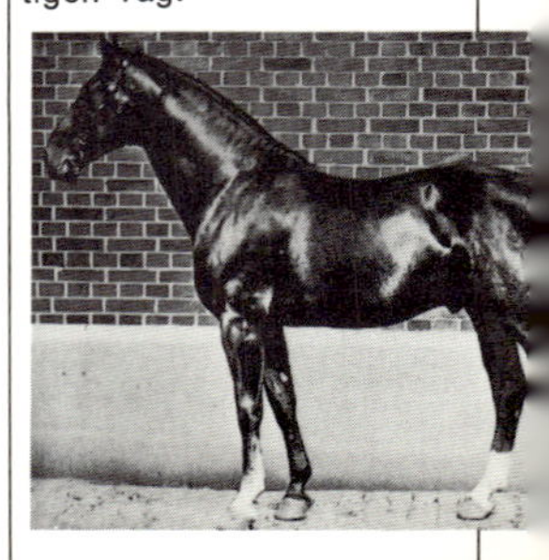

um 1910

Der Adeptus xx-Enkel Alderman I (Bild) v. Alnok und Germanna v. Geßler (Ostpr.) wird 1909 geb. und in Mecklenburg aufgez. 1912—32 in Celle, liefert er 108 Beschäler und 225 Stutbuchstuten und wird zu einem Vererber von außergewöhnlicher Auswirkung. Diese A-Linie trägt heute den Anfangsbuchstaben E.

Als erstes Brandzeichen (1910—21) wird ein stilisiertes H mit Krone (Bild) in Kraft gesetzt.

1911: Als Hauptstammhalter für die F-(lick-), heute W-Linie, wird Fling

(v. Flingarth und Kilbe v. King) im Kr. Verden geb. Über seine Söhne Feiner Kerl und Flavius leben heute zwei der wichtigsten Blutrichtungen in Hannover.

1910: Die Vogelwarte Helgoland wird gegr.

Equipagen aller Art beherrschen das Bild des Nahverkehrs noch wie einst.

um 1912

1911: Im Ldg. Traventhal (Holst.) stehen unter 130 Beschälern 89 hann. Hengste.

1913: Der zunehmenden Notwendigkeit, Pferde für den Verkauf auszubilden, wird durch die Gründung des Instituts «Hannoverscher Stall» in Uelzen begegnet.

Kirkland (Bild), geb. 1904 v. King, Muttervater des 1919 geb. Feiner Kerl, wirkt seit 1907 (bis 1928) in Oiste Kr. Verden und liefert 122 besonders hochwertige Mutterstuten.

1912: Erste Olymp. Reiterspiele der Neuzeit finden in Stockholm statt. Hieran nehmen auch hann. Pferde mit hohem Vollblutgehalt (Halbblüter) teil.

Der Turniersport beginnt sich zu entwickeln. Als bedeutendstes Springpferd gilt die hann. Stute Pepita (Bild) unter Rittm. v. Oesterley. Die Stute wurde in Kehdingbruch bei H. Meyer v. Colani (v. Colorado, Beberbeck) aus einer Julius-Enkelin gez. und gewann 1913 9315 M.

um 1914

Ldstm. Gf. v. Kalnein wird Leiter des Ldg. Celle (1915—27).

1915: Der Stammhengst Flavius (v. Fling u. Aurelie v. Athanas) wird im Hofg. Herrenhausen geb. Flügeladjutant, Wöhler, Florentiner II, Wolfsburg und Widerhall u. a. gehören zu seiner Gruppe.

1915: Der Graditzer Andermatt beginnt seine Tätigkeit in Celle, um 39 Beschäler und 162 Stutbuchstuten zu liefern.

1917: Der erfolgreiche Vererber Flirt (v. Fling und Kilbe v. King) wird als letzter des Dreigestirns einflußreicher Vollbrüder bei Wilhelm Otte in Dörverden Kr. Verden geb. und in Herrenhausen aufgez. Vor ihm kamen Fling (geb. 1911) und Flint (geb. 1915), der Begründer des Futurist I-Zweiges, nach Celle.

Eine erste Ausgabe des Stutbuchs für schwere Arbeitspferde erscheint. Die Zucht des Kaltblüters erhält zu dieser Zeit viel Auftrieb (Bild).

um 1920

1920: Die Reichswehr entsteht. Es werden wieder Remonten gebraucht.

1920: Das Westf. Pferdestammbuch beschließt die ausschließliche züchterische Ausrichtung auf Hannover.

Der «Hannoversche Stall» in Uelzen erzielt für 51 i. J. verkaufte Pferde durchschnittl. 1840 M.

Die «englische Frisur» der Pferde hat sich durchgesetzt. Das Koupieren ist außer Mode gekommen.

1920: Die staatl. Vollblutzucht zieht um nach Altefeld. In Graditz verbleibt die Halbblutzucht.

1921: Hannover richtet eine staatl. Hengstaufzucht in Hunnesrück bei Einbeck ein.

Der bisher wohl erfolgreichste Beschäler in Hannover, Feiner Kerl (v. Fling u. Kebansa v. Kirkland), wird 1919 bei Hermann Troue in Geestefeld Kr. Verden geb. (Bild). Er brachte 114 Beschäler und 204 Stutbuchstuten. Auf ihn gehen u. a. Fernjäger, Fermor III, Friesenkönig und Ferdinand zurück.

In Mecklenburg und Pommern setzen sich hervorragende hann. Vererber durch. Zu dieser Zeit in Redefin der Sheridan II-Sohn Schenkendorff und in Labes Sherius (Bild) v. Sheridan II. Ein weiterer Sheridan II-Sohn, Sheridan, wirkt gravierend im Hptg. Neustadt (Dosse).

um 1922

Neues hann. Brandzeichen (1922—25).

1922: Aus der Linie des Devil's own xx wird ein späterer großer Vererber geb.: Detektiv (v. Desmond u. Kalabaka v. Khedive), gez. bei Christian Meyer, Mover Kr. Harburg, aufgez. in Mecklenburg. Auf ihn gehen Duellant und Dömitz I mit bedeutenden Söhnen und Enkeln zurück.

Goldammer II (v. Goldschäger I und Antille v. Alderman I) beginnt 1922 in Celle. Er lieferte in Goldfisch II den Verbreiter des G-Blutes.

1924: Erste hann. Hengste gehen nach Schweden.

1922: Erste hann. Hengstkörung mit Auktion in Bremervörde.

1922: Der Linienbegründer Schwabenstreich geht im Alter von 25 J. als Hptb. nach Neustadt (Dosse).

1922: Gründung des Verbandes pomm. Warmblutzüchter.

1922: Gründung des Verbandes hann. Warmblutzüchter (Bild des Brandzeichens ab 1925).

1922: Hauptstutbuchbrand des neu gegliederten Ostpreuß. Züchterverbands.

um 1925

1927: Ldstm. Theodor Korndorff wird Leiter des Ldg. Celle (1927—45).

1925: In Celle wird die Zahl von 500 Beschälern überschritten. Für die Reg.-Bez. Hannover und Osnabrück wird daher das Ldg. Osnabrück-Eversburg zusätzlich in Betrieb genommen.

1925: GFM v. Hindenburg wird Reichspräsident.

1925: In Celle tritt der berühmte Nelusko (geb. 1897 v. Neckar, Ostpr., a. d. Finette v. Fiesco II) ab. Er hinterläßt 103 Beschäler und 308 Stutbuchstuten. Seine männl. Linie erlöscht wenig später. Die Züchter der Deckstation Altenbruch begraben Nelusko und setzen ihm einen Denkstein.

Hengstprüfungsanstalten entstehen: in Hannover Westercelle (1928, Bild), in Ostpreußen Zwion (1926).
Weltwirtschaftskrise. Auflösung von Gudwallen (Hengste nach Georgenburg) und Beberbeck (Zuchtpferde nach Polen). Notstand der dt. Pferdezucht.

um 1931

Der spätere Stammhengst Almjäger I (Bild), geb. 1930 v. Alpenflug II und Goldau v. Goldschläger I, wächst im Aufzuchtg. Hunsrück heran.

Der Hann. Draufgänger gewinnt in Amsterdam 1928 die Goldmedaille im olymp. Grand Prix de Dressage unter Frhr. v. Langen.

1928: Das Hofg. Herrenhausen bei Hannover wird aufgelöst.

Nach einem Hochstand von 3,9 Mio. Pferden geht die Pferdezahl in Deutschland ab 1925 infolge zunehmender Motorisierung der Wirtschaft ständig zurück. 1931 werden noch 3,4 Mio. Pferde im dt. Reichsgebiet gezählt.

Die Deckstation Großenwörden, eine der jüngeren Deckstationen des Ldg. Celle, besteht 30 Jahre und entwickelt sich zu einem züchterischen Mittelpunkt der Remonte-Lieferung. Es stehen hier schließlich (1938) die Hengste Jassy I, Amateur I, Sportsmann, Friedensfürst xx, Klinger, Doman und Faisal — eine hervorragende Besetzung.

Das pomm. Ldg. Labes hat 78% Hann. im Hengstbestand (1927).

Einer der Hauptvererber in Pommern wird der 1929 in Hannover geb. Flimmergold (Bild) v. Flimmer II, der in Velgast Kr. Stralsund stationiert ist.

um 1932

Die 200-Jahr-Feier Trakehnens und der Preuß. Gestütverwaltung steht im Mittelpunkt der Züchter- und Reiterwelt. Das Werk «200 Jahre Preuß. Gestütverwaltung» erscheint. OLdstm.Gatermann benutzt das Jubiläum, um gegen die Etatschwierigkeiten anzukämpfen.

Der fünfte und letzte Band des Trakehner Stutbuches erscheint.

Der noch lebende, 28jährige Hptb. Tempelhüter wird von Kuebart modelliert und in Berlin in Bronze gegossen.

Die Leitung des Ldg. Redefin (Meckl.) geht mit der Pensionierung von OLdstm. Exz. v. Wenckstern an Ldstm. Hans Köhler über. Zwei Drittel des Hengstbestandes ist in Hannover geb.

Roosevelt wird Präsident der USA.

Das Empire State Building in New York ist fertiggestellt.

1933: Machtergreifung durch die Nationalsozialisten.

um 1934

1933: Der Graditzer Alchimist xx gewinnt das Deutsche Derby.

Mit dem 1933 im Lüneburgischen geb. Futurist I (Bild) v. Flak u. Christinchen v. Christian de Wet xx wächst ein Celler Beschäler und DLG-Sieger moderner Prägung heran.

Der zuchtverdiente Flavius, noch in Herrenhausen gez., tritt 1935 ab. Auf ihn gehen so bekannte Vererber wie Wöhler, Florentiner II und Widerhall zurück.

1934: Gustav Rau (Bild) folgt Gatermann im Amt des Preuß. OLdstm.

1935 wird Abendsport (Bild) v. Alkoven I, ein Enkel des Alderman I, geb. Er wird später als ein «new look» bezeichnet und liefert zahlreiche Beschäler und Mutterstuten.

Gleichfalls 1935 kommt der Rapphengst Goldfisch II (Bild) zur Welt, Vater des heute berühmten Gotthard, Großvater von Grande.

um 1936

1935: Der Ostpr. Herold gewinnt die Pardubitzer Steeplechase zum zweiten Mal.

1935: 200-Jahr-Feier des Ldg. Celle mit Jubiläums-Hengstparade (Bild: Aktionstraber Marschall).

In Krampnitz bei Potsdam wird eine neue Kavallerieschule gebaut.

Die Olymp. Reiterspiele zu Berlin bringen den dt. Reitern alle Goldmedaillen in den drei Disziplinen. Die hann. Zucht ist u. a. vertreten durch Alchimist v. Amalfi (Amurath-Linie) unter Oblt. Heinz Brand.

1938: Dr. Arnold Schlie wird Geschäftsführer des Verbandes hann. Warmblutzüchter (bis 1965).

1938: Der Vererber Flügeladjutant (Bild) wird an der Elbe nahe Cuxhaven geb. und in Mecklenburg aufgez., Ldb. Osnabrück.

um 1940

1938: Der Mittellandkanal ist fertiggestellt.

1939: Agram (Bild) v. Alkoven I, der als erster hann. Springvererber bekannt gewordene Beschäler, wird im Kr. Stade geb. und in Holstein aufgez.

Drei Ldg. versorgen das hann. Zuchtgebiet mit Beschälern: Celle, Osnabrück, Harzburg.

1940: Farina (Bild) v. Fahnenträger, Ostpr., Vater vieler wertvoller Zuchtstuten, insbesondere auch Hengstmütter, wird im Raum Verden gez.

1941: Erste Hengstkörung mit Hengstmarkt in Verden.

Der große Springvererber Ferdinand (Bild) v. Ferrara wird im Kr. Wesermünde geb. (1941). Durch die Gewinnsummen seiner Nachkommen wird dieser Hengst der erste «Millionär» außerhalb der Vollblutzucht.

1939: Beginn des Zweiten Weltkrieges am 1. September.

um 1942

1942: Georg Frhr. v. Boeselager (Bild) veranlaßt die Wiedereinführung berittener Kavallerie, zunächst je ein Rgt. bei den drei Heeresgruppen Ost, dann Brig., schließlich Div. unter einem Kav.-Korps. Die 32 Reiterschwadronen sind auf je 300 ostpreuß. Pferden beritten.

1943: Der als letzter Feiner Kerl-Sohn noch in Celle tätig bleibende Fernjäger wird im Land Hadeln geb. und reiht sich in den Kreis der großen Vererber ein.

Die Hengstmärkte in Verden werden im Reiterstadion durchgeführt (Bild, von links: Dr. Schulte-Sienbeck, Westf.; Dr. Steinkopff, Hannover; Dr. Volkmann, Berlin; Ldstm. Korndorff, Celle).

Der Hengstmarkt in Güstrow vereinigt 400 zweieinhalbj. Hengste zu Körung und Verkauf, überwiegend in Hannover gez. Einer der zahlenmäßig größten Abnehmer ist die Gestütverwaltung der sog. Ostgebiete.

1943: Duellant (Bild) v. Dolman wird in Kehdingen geb. Sein späterer Einfluß auf die hann. Zucht ist von großer Bedeutung.

um 1944

Die Kriegsereignisse spitzen sich zu und führen besonders in Ostpreußen zu Vernichtung und Flucht.

Der große Vererber Feiner Kerl tritt im Alter von 24 J. 1943 ab. Er wird auf der Deckstelle Altenbruch begraben und erhält einen Gedenkstein. 114 Beschäler und 278 eingetragene Stuten stehen auf seinem Konto.

Detektiv, der Stammvater einer moderneren Blutlinie, stirbt 1943. Bei ihm stehen 38 Beschäler und 230 eingetragene Stuten zu Buch.

Aus dem vorletzten Trakehner Hengstjg. (1942), der z. T. das hann. Zuchtgebiet erreicht, wird u. a. der spätere Spitzenvererber Abglanz (Bild) in Hunnesrück aufgez.

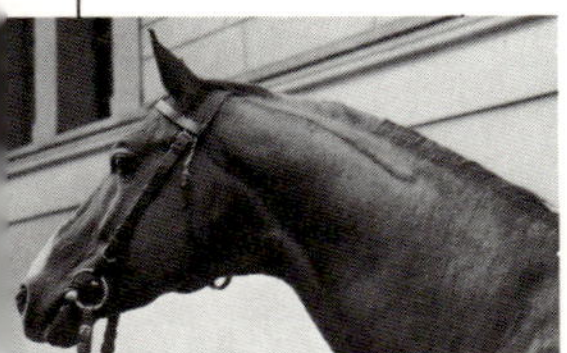

Der Trak. Lateran, Jg. 1942, wird in Hunnesrück aufgez.

Das Ende des Krieges ist abzusehen. Die Remontierung des Heeres wird abgeschlossen. Requirierungen dezimieren die Bestände. Das Pferd ersetzt in der Wirtschaft weitgehend Maschinen und Motore.

Semper idem (Bild), Hptb. Trakehnen und Ldb. Georgenburg, geb. 1934, kommt auf dem Fluchtweg nach Celle (1944/45).

um 1945

Dr. Georg Steinkopff (Bild) wird Ldstm. in Celle (bis 1958). Er kennt das Zuchtgebiet aus seiner früheren Tätigkeit als Geschäftsführer des hann. Züchterverbandes.

LdschR Fritz v. d. Decken, Deckenhausen (Bild), wird zum Vors. des Verbandes hann. Warmblutzüchter e. V. gewählt.

In der Wirtschaft werden unzählige Pferde gebraucht. Ihr Handels- bzw. Tauschwert ist hoch.

Größe, Kaliber und Gewicht werden Maßstab für den Hengstankauf. Scholwin, geb. 1944 (Bild), ist Prototyp für die Wirtschaftsmodelle der kommenden Jahre, die vorerst ein Wiederaufleben der Reiterei als ausgeschlossen erscheinen lassen.

Drei Deckstationen des Ldg. Celle, Haar, Bitter und Stiepelse im Amt Neuhaus nördl. der Elbe, fallen mit den Beschälern an Mecklenburg. Die Beschäler Lupus xx und Athos geraten bei Bremen im Waggon unter Fliegerbeschuß. Lupus xx wird tödlich getroffen. Athos verliert die Schweifrübe. Zahlreiche Beschäler und Zuchthengste aus Trakehnen und Ostpreußen sind nach ihrer Flucht in Westdeutschland eingetroffen.

um 1946

Anstelle des verlorenen Ldg. Labes (Pommern) richtet Hans Joachim Köhler, Sohn des internierten Redefiner Ldstm., das Remonteamt Ferdinandshof Kr. Ueckermünde als Ldg. für die vorpomm. Kreise ein.

Die nieders. Ldg. Osnabrück und Harzburg erhalten neue Ldstm. In Osnabrück amtiert Dr. Julius Kiel (Bild), in Harzburg Hans Fellgiebel.

1946: Hengstkörungen in Güstrow und Greifswald.

1948: H. J. Köhler (Bild) hat Ferdinandshof verlassen und wird vom hann. Züchterverband beauftragt, die Werke «Das Glück dieser Erde» und «Hannovers Edles Warmblut» zu redigieren bzw. zu schreiben.

1948: In den Ldg. Redefin, Neustadt (Dosse) und Ferdinandshof stehen 211 hann. Hengste.

1949: Erste Eliteschar hann. Reitpferde, Verdener Herbstauktion mit 28 Pferden in Verden, Brunnenweg-Kaserne.

1949: Der zunächst kaum beachtete, später hochberühmte Vererber Gotthard (v. Goldfisch II) (Bild) wird geb.

um 1950

1950: Dem Trakehner Semper idem wird die schwere, derbe Stute Allerweltskleid auf der Deckstation Drochtersen zugeführt. Diese bringt den Vererber Senator (Bild) und damit eine neue Blutlinie für Hannover.

Der Georgenburger Ldstm. Dr. Martin Heling (Bild) wird in den Zonen-Wirtschaftsrat berufen und bald danach zum OLdstm. für die nieders. Pferdezucht beim Landwirtschaftsministerium in Hannover ernannt.

1951: Der Röttgener Vollbluthengst Der Löwe (Bild) beginnt im Ldg. Celle seine bedeutende Vererberlaufbahn.

Die zweiten Olymp. Spiele nach dem Kriege, 1952 in Helsinki, werden erstmalig wieder von dt. Sportlern beschickt. Die dt. Reiter gewinnen u. a. Silber in der Military-Mannschaft auf den Hann. Hubertus, Dachs und Trux.

Den ersten dt. Reitersieg nach dem Kriege erzielt in der National-Springequipe Helga Köhler 1952 in Bilbao (Spanien) mit einem Doppelerfolg auf den hann. Stuten Armalva und Feuerland.

Der Springvererber Domänenrat I v. Dömitz I wird geb.

um 1955

Im Ldg. Osnabrück geht Wöhler 1953 erstmalig auf Station. Im Bild wird Wöhler als Aktionstraber auf einem Verdener Turnier gezeigt.

1953: Der Mydlinghovener Vollblüter Pik As xx (Bild) wird im Ldg. Celle eingestellt.

1953: Der Waldfrieder Vollbluthengst Marcio xx beginnt seine Tätigkeit im Ldg. Celle.

1954: Gustav Rau geht mit Thiedemann, Winkler und Helga Köhler zu einer Tournee in die USA und nach Kanada. Die hann. Zucht ist erfolgreich durch die Köhlerschen Pferde Armalva und Page vertreten.

1956: Großer DLG-Erfolg der hann. Zucht in Köln. Die Flügeladjutant-Tochter Flügelpalme gewinnt den Hoesch-Preis.

1956: Olymp. Spiele in Stockholm. Die Hann. Trux (Bild), Sissi und Prinzeß gewinnen zwei Silbermedaillen in der Military.

1956: Futurist I (23 J.) und Flügeladjutant (18 J.) scheiden aus der Zucht aus.

um 1960

1958: Dr. Christian Frhr. v. Stenglin (Bild) folgt Dr. Steinkopff im Amt als Ldstm. in Celle.

1956: Dömitz I tritt ab. Sein Sohn Domspatz debütiert in Celle.

1958: Goldfisch II scheidet aus. Sein Enkel Grande (v. Graf) wird geb. 1962 kommt Don Carlos zur Welt.

1959: Die Vollbluthengste Valentino xx und Velten xx wirken in der hann. Zucht.

1960: Bei den Olymp. Spielen in Rom gewinnt Ferdl (v. Ferdinand) (Bild) unter Alwin Schockemöhle eine Goldmedaille im Mannschaftsspringen.

Neben Armalva ist Jaspis (Magnus v. Buchwaldt, Bild) ein Hauptbestandteil der dt. Springequipe hann. Zucht.

1960: Absatz (v. Abglanz, Trak.) (Bild) wird geb.

um 1965

1962: Hann. Stuten werden durch die UdSSR angekauft und von Reinhard Baumgart und Herbert Spehling bis Brest-Litowsk begleitet.

1963: Der Springvererber Agram (24 J.) tritt ab.

1963: Burchard Müller (Bild), Süderwarden, übernimmt den Vorsitz des Verbandes hann. Warmblutzüchter.

1964: Olymp. Spiele in Tokio. Die Hann. Dozent und Fidelitas gewinnen Gold im Mannschaftsspringen, Dozent Silber in der Einzelwertung, Dux Gold in der Dressurmannschaft und Donkosak Bronze in der Military-Einzelwertung (Hermann Schridde, Hans Günter Winkler, Dr. Reiner Klimke, Fritz Ligges).

1965: Drei Gotthard-Söhne machen ihren Vater (16 J.) bekannt auf einer Verdener Auktion. — Duellant (22 J.) geht ein. Abglanz (23 J.) beendet seine Tätigkeit (1964).

1965: Dr. Walter Hartwig (Bild) wird Geschäftsführer des Verbandes hann. Warmblutzüchter.

Zum Berliner Turnier der Grünen Woche wird wegen Sperrung der Straßenverbindung eine Luftbrücke in Hannover eingerichtet.

1967: Erste Verbands-Stutenauktion in Verden (durchschnittl. 5737 DM).

Waidmannsdank xx kommt aus dem Vollblutg. Ravensberg nach Celle.

um 1970

DPM
Deutsches Pferdemuseum
Hippologisches Institut

Das Deutsche Pferdemuseum (DPM) wird ab Ende 1969 unter der Leitung von H. J. Köhler wesentlich erweitert und gleichzeitig zum Hippologischen Institut in Verden.

1967: Die Ldstm. Wachs, Dr. Steinkopff, Dr. Kiel und Dr. Grothe werden zur letzten Ruhe getragen.

1968: Der Halbblüter Doornkaat schlägt mit 200 000 DM Gewinnsumme alle Rekorde im Halbblut-Rennsport.

Ludolf v. Veltheim übernimmt den Landesreiterverband Hannover von Bechtold Gf. v. Bernstorff.

Der hann. Züchterverband stiftet die Goldene Ehrennadel für besonders erfolgreiche Reiter (-innen) auf hann. Pferden.

Die Olymp. Spiele in Mexiko (1968) bringen der dt. Militaryequipe den 5. Platz mit den Hann. Adagio, Lapislazuli und Abdulla, eine Goldmedaille der Dressurequipe (Dux als Hann. Einzel-Bronze) und eine Bronzemedaille der Springequipe mit den Hann. Enigh, Donald Rex, Dozent und Simona.

1970: Fritz v. d. Decken wird zu Grabe getragen.

Wachsende Fohlenjahrgänge, hohe Fohlenpreise.

um 1972

1971: Ldstm. a. D. Hermann Wilhelm v. Warburg stirbt.

50 Jahre Hengstaufzuchtg. Hunnesrück.

Der letzte Feiner Kerl-Sohn, Fernjäger (28 J.), tritt ab.

1972: 175 Jahre Deckstation Otersen Kr. Verden.

Dir. Fritz Meyer-Stocksdorf übergibt die Reit- und Fahrschule Verden an Joachim Weist.

Die Olymp. Spiele in München enden wiederum mit Goldmedaillen für hann. Pferde: Simona, Askan, Mehmed, Liostro.

Prof. Hans Löwe scheidet als Leiter der Tierzuchtabt. im nieders. Ministerium aus und übernimmt die Schriftleitung «Hannoversches Pferd». Dr. Rappen wird Nachfolger.

1973: Military-Weltmeisterschaft in Kiew: Die dt. Equipe gewinnt, darunter die Velten xx-Nachkommen Virginia und Vaibl.

1973: Die neue hann. Rennbahn in Langenhagen wird eröffnet.

Der Löwe xx (29 J.) beendet seine züchterische Laufbahn.

Die neue Niedersachsenhalle in Verden wird eingeweiht.

LandwOR Wilfried Pabst geht in den Ruhestand.

1973: 400-Jahr-Feier des Württ. Haupt- und Landgestüts Marbach.

1973: 400-Jahr-Feier der Span. Hofreitschule in Wien.

1974

Es gelingt dem DPM mit Hilfe seines Mitglieds Waldemar Zeitelhack, einen Originalabguß des Trakehner Tempelhüter-Denkmals aus Moskau nach Verden zu bekommen. Die Bronzeskulptur wird am 19. Mai feierlich enthüllt (Bild).

Die Privathengste in Ostfriesland werden Celler Ldb. Damit ist das ostfries. Zuchtgebiet in Hannover integriert.

150 Jahre Deckstelle Altenbruch.

Mirko Altgayer stirbt 1975 unmittelbar nach der Trak. Hengstkörung in Neumünster.

50. Verdener Jubiläums-Auktion mit Großer Abendveranstaltung (Bild: Schlußspirale mit 50 Pferden).

1975

Der vierte Band des Werkes «Hannovers Edles Warmblut» erscheint.

Die Hengstprüfungsanstalt wird von Westercelle in die fertiggestellten modernen Anlagen nach Adelheidsdorf verlegt.

Die Weltmeisterin Simona 3 (v. Weingeist) (Bild) geht in die Zucht.

Die zweite Aufl. des Buches «Der Hannoveraner» von Dr. Schlie, überarbeitet von Prof. Löwe, kommt zur Auslieferung.

1976

Die Olymp. Spiele in Montreal bringen der hann. Zucht einen Medaillensegen in den Disziplinen Dressur und Springen. Woyceck (Harry Boldt) und Mehmed (Dr. Reiner Klimke) gewinnen zusammen mit dem Trak. Ultimo Mannschafts-Gold, Woyceck Einzel-Silber, Mehmed Einzel-Bronze. Warwick (Alwin Schockemöhle) erkämpft die Einzel-Goldmedaille und zusammen mit Agent, Torphy und Kwept Mannschafts-Silber.

Ldstm. i. R. Hans Köhler (Bild) stirbt 86j. in Heide.

Ldstm. Franz Kuhse, früher Osnabrück, zuletzt Wickrath, stirbt.

Gottfried Frhr. v. Cramm kommt bei einem Autounfall in Afrika ums Leben.

Im Ldg. Celle sind mehrere namhafte Beschäler eingegangen, u. a. Archimedes und Lukas.

Für die Niedersachsenhalle wird der Neubau eines Stalles mit 50 Boxen beschlossen, so daß ab 1977 die Kapazität für 184 Pferde zugeschnitten ist.

Ldstm. Holzrichter geht in den Ruhestand; Dr. O. Wedekind übernimmt das Ldg. Dillenburg.

Der Verdener Hengstmarkt wird ein großer Erfolg. 52 Hengste des Jg.s 1974 werden an in- und ausländische Gestüte und Zuchten als Beschäler verkauft.

Jimmy Carter wird Präsident der Vereinigten Staaten von Amerika.

Aus besonderer Gnade

Gründung des Landgestüts Celle 1735

«Georg der Andere von Gottes Gnaden,
König von Groß-Britannien pp., Hertzog
zu Braunschweig und Lüneburg, des
Heiligen Römischen Reiches Ertzschatzmeister
und Churfürst»,
befahl:
«Demnach wir zum Besten unserer Unterthanen und zur Erhaltung einer guten Pferdezucht in Unseren Teutschen Landen absonderlich aber in dem Hertzogthum Bremen und der Grafschaft Hoya allergnädigst gut befunden und resolvirt haben, ein Landgestüt, vorerst mit zwölf Hengsten anlegen zu lassen, auch die dazu erforderlichen Kosten aus besonderer Gnade vor das Mahl und bis man sieht, was vor ein Nutzen davon in das gesambte Land erwachse, aus Unserer Realcammer herzuschiessen, so wird unseren Cammerpräsidenten, Geheimbten Räthen, Geheimbten Cammer, auch Cammerräthen hiermit allergnädigster Befehl ertheilet, wegen Ankauff und Vertheilung solcher zwölf Hengste diensamer Orten, wie nicht weniger wegen deren Unterhaltung und Auszahl und Berechnung der darauff zu verwendenden Kosten und überhaupt wegen guter Einrichtung des gantzen Werkes das nöthige pflichtmäßig weiter zu besorgen.
Gegeben auf Unserem Lustschlosse Herrenhausen
den 27. Juli 1735.
gez. George R.»

George R., Georg der Andere von Gottes Gnaden, König von Groß-Britannien pp., Hertzog zu Braunschweig und Lüneburg, des Heiligen Römischen Reiches Ertzschatzmeister und Churfürst, Georg II. (Regent 1727–60.)

Das Kgl. Hauptgestüt Trakehnen des Hauses Preußen war gerade drei Jahre alt, als Georg II. der zögernden Regierung in Hannover zuvorkam und 1735 das Landgestüt Celle ins Leben rief. Ihm war zu Ohren gekommen, daß Privatleute mit recht mäßigen Hengsten die Stutenbesitzer des Landes «beglückten», und er wußte, daß im Lande Holstein die zu damaliger Zeit renommiertesten Pferde wuchsen und in aller Herren Länder zu gutem Geld verkauft wurden.
Während Friedrich Wilhelm I. von Preußen Trakehnen als Hofgestüt unterhielt, hat Georg II. das Landgestüt Celle von vornherein zum «Besten des Landes» einrichten und verwalten lassen.
Bis 1866 blieb Hannover Königreich, dann wurde es preußisches Land, das Landgestüt Celle von der Preußischen Gestütverwaltung, 1732 gegründet und mit Sitz in Berlin, übernommen. Bis 1918 nannte sich Celle «Königliches», danach «Preußisches» Landgestüt. Ab 1945 gilt der Begriff «Niedersächsisches» Landgestüt.
Georg II. hatte es 1735 eilig, die von ihm begründete Institution mit Leben zu erfüllen. Und so konnte er bereits ein Jahr später feststellen, daß seine Gedanken in die Tat umgesetzt waren, 12 Beschäler sogar ihre Deckstationen bezogen hatten.

GABRIEL ROGER
BROWN
1735–1748

Zum ersten Gestütleiter wurde Gabriel Roger Brown, Oberjäger von der Parforcejagd in Celle, berufen. Es ist nicht auszuschließen, daß er zuvor einige Hengste besessen und diese zum Decken angeboten hatte. Brown soll schott. Herkunft gewesen sein.

Durch die Dringlichkeit der königlichen Ordre beeindruckt, säumte die Rentkammer nicht, den Oberjäger der Celleschen Hirschmeute, einen Mann namens Brown oder Braun – «da er gute Geschicklichkeit und Wissenschaft von dergleichen habe» –, mit dem Ankauf der ersten Beschäler zu beauftragen.
Dem Willen des Königs zufolge traf Brown in der Holsteiner Geest unter den dunklen Felljacken seine Wahl und führte die *«Holsteiner Schwarzen»* in die hannoverschen Lande ein.
Aus den Brownschen Stallungen am Westerceller Tor zu Celle war ein Mittagskonzert besonderer Art zu vernehmen. Zwölf «ausländische» Rapphengste begleiteten die Arbeit des Futterschüttens auf ihre Weise und machten den diensttuenden Wärtern das Leben schwer. «Der große schwarze Hamburger» hob sich mit den Vorderbeinen in die immer noch leerstehende Krippe, während sein Nachbar, «Der feine schwarze Reventlow», aufgebracht gegen die Trennwand keilte, daß man vermeinte, die Trümmer der Eichenbohlen schon auf der Stallgasse liegen zu sehen. In der Ecke berochen sich «Der große schwarze Wille» und «Der kleine schwarze Ranzau» durch die Beißgitter hindurch und mehrten durch Schrei und Schlagen mit den Vorderbeinen die Disharmonie der durch Kettenklirren und Streukratzen außerdem bereicherten Klangfülle.
Erst nach dem Abschluß dieses mittäglichen Aufstands machte sich Ruhe in den Stallungen breit und ließ dann und wann einen schwarzglänzenden Hengstleib in die tiefe Streu versinken.
So wie «Der große schwarze Dorn», der sich eben – sichtlich erstaunt darüber – ganz ungewollt in der Scheibe seines Boxenfensters spiegelte, sahen sie alle aus: edel, nervig und großrahmig. Besonders trocken und ausdrucksvoll in allen Teilen. Nicht allein die etwas vorgebogene Nasenlinie verriet ihre zahlreichen spanischen Ahnen. Typ und Form waren aus einer anderen Zeit. Einer Zeit, da die Schlachten-Reitereien vieler europäischer Länder ihre Kommissionen entsandten, um vorzüglich diese Holsteiner für die Remontierung ihrer Kavallerieverbände zu erwerben.
Wöchentlich erhielten die Hengste 2 Himten Hafer, täglich 14 Pfund Heu und wöchentlich 3½ Bunde Stroh sowie 1¾ Bunde Stroh als Häckerling gegeben.
Als Personal hatte Brown vier «ordinaire Knechte» zusammenbekommen. Sie erhielten jährlich an Lohn 12 Taler, an Bettgeld 3 Taler und an Kostgeld wöchentlich 1 Taler. Ab 1739 wurden die Bezüge erheblich verbessert und Uniformen angeschafft.
Die Spuren dieser ersten Landbeschäler verwehten um nichts später, als die Holsteiner Rappen, die einst die Schlachtfelder Friedrichs des Großen beherrscht hatten, im Mutterland und auf dem Kontinent aufhörten, als Begriff zu bestehen. Das war vier Jahrzehnte nach der Gründung des Landgestüts zu Celle.

*

Im Jahr 1745 bestand das Gestüt 10 Jahre. Georg II. weilte im Juli zu Besuch in Hannover und äußerte den Wunsch, die gerade von den Deckstationen zurückgekehrten Celler Hengste zu sehen. Im Fußmarsch von Celle nach Hannover brachte der im Dienst des Königs grau gewordene 60jährige Brown unter Assistenz seines Adjunkten, späteren Schwiegersohns und Nachfolgers Stegemann 41 Hengste vor den König. Voran den großen, goldbraunen Güllenstein, hinter ihm 18 schwarze, 13 braune und 9 geschimmelte Kgl. Landbeschäler.
Als Brown am 12. November 1749 starb, hinterließ er seinem Nachfolger ein aufblühendes Landgestüt mit 40 Hengsten, die in seinem letzten Dienstjahr auf 25 Stationen 1 906 Stuten gedeckt hatten, wovon im Jahr darauf 766 Fohlen fielen.

Neidvoll blickte um 1735 Hannover nach Holstein, wo damals die Pferdewelt, insbesondere auch Österreich, Sachsen, Sardinien, Frankreich und sogar England, für gutes Geld Kavalleriepferde kauften. So nimmt es nicht wunder, daß Celle hier seine ersten Kgl. Beschäler bezog.

BERNHARD LUDWIG STEGEMANN 1748–1764

Auf Brown folgte 1749 dessen Schwiegersohn Bernhard Ludwig Stegemann, 1704 in Dörpel Kr. Gfsch. Diepholz als Bauernsohn geb., 1764 in Celle gest. Er hatte 1757/58 die Lasten einer dreifachen Flucht der Hengste und schwerer Gebäudeschäden im Siebenj. Krieg zu tragen.

In allen Sätteln gerecht war Friedrich Wilhelm Elderhorst, Jurist, Mitbegr. der Kgl. Landw.-Gesellschaft und Insp. des Celler Zuchthauses (auch noch als Stm.). Durch Vorträge über Pferdezucht machte er sich einen Namen und wurde 1764 zum Leiter des Landgestüts ernannt.

FRIEDRICH WILHELM ELDERHORST 1764–1790

Stegemann wirkte 15 Jahre hindurch ganz im Sinne seines Vorgängers. 1757 evakuierte er die 55 Beschäler erst nach Bremen, dann nach Holstein, wo sie in Horst überwinterten. Zwei weitere Fluchten schlossen sich an. Französische Truppen ruinierten die Gebäude und Einrichtungen des Landgestüts. Der Hengstbestand kehrte 1758 stark dezimiert nach Celle zurück. Stegemann überlebte die Katastrophe nicht lange.
Elderhorst unterstand in den ersten Jahren seiner Amtsführung dem Vizeoberstallmeister Friedrich Otto v. Münchhausen. Gegen Ende seiner Dienstzeit verfügte er über 90 Hengste, die 7 456 Stuten deckten, welche 3 499 Fohlen brachten. Inzwischen dominierten Füchse. 1775 wurde Elderhorst ein Rechnungsführer beigegeben. Seither wurde dem Landgestüt jeder Pfennig nachgerechnet. 1782 schrieb also die Kammer unter «6.) Pag 104 Beylage sub Nro 222»: «Hierinn sind zwei Mistwagens benannt, und hat der Rademacher und Schmidt das Holtz und Eisen von zwei alten Mistwagen genommen. Da laut Inventarii vorhin nur ein Mistwagen vorräthig gewesen, so beruhet im Zweifel, wie das Holtz und Eisen von zween vergütet werden könne, und scheinet, da der Mist verkauft wird, überflüssig, zween Mistwagens zu unterhalten, allenfalls wird deshalb erläuterung gefordert.»
Elderhorst antwortet (mit hübschem Einblick in den Gestütsbetrieb): «ad 6tum. Es ist bisher um deswillen der hier erwehnte zweite alte Mistwagen nicht mit im Inventario aufgeführet, weil er schon längst als unbrauchbar, darinn keinen Platz mehr verdiente. Weil er aber jetzt als ein altes Material pflichtmäßig mit zu buchen war, so ist er dahero als altes Holtz und Eisen lt. Quittung des Ouvriers pflichtmäßig mit angerechnet. Übrigens sind die beyden Wagens eigentlich keine besondere Mist-, sondern ordinaire schlechte [schlichte] Fourage-Wagens, womit die Beschälers täglich ihre Fourage von den Scheuren, Sand, Bau Materialien und dergleichen holen, vornehmlich aber werden sie auch zur Anspannung und Bändigung der Beschäler gebraucht, weil ein Theil davon eingefahren wird, um durch Arbeit gesund und gehorsam erhalten zu werden. Da bey diesem letztern Gebrauch natürlicher Weise sehr oft und fast täglich etwas zerbricht, so fällt es in die Augen, daß ein einziger Wagen unmöglich hinlänglich sein könne, weil sonst während einer jeden Reparatur das ganze Fuhrwerk des Stalles stille stehen würde.»

*

Einen neuen und zugleich wegbereitenden Zeitabschnitt leitete um 1790 die Verwendung *mecklenburgischen Blutes* ein. Barfüßige Dorfjungen hatten das herannahende Ereignis zuerst wahrgenommen, und um die Wette laufend, meldeten sie am Schloß zu Ivenack die Ankunft der 88 Landbeschäler aus Celle, welche soeben von der Landstraße, die Malchin mit Neubrandenburg verbindet, in lang auseinandergezogener Kavalkade und in Staubwolken gehüllt, auf den Ivenacker Weg einbogen.
Der gesamte Celler Gestütbestand befand sich auf der Flucht vor Napoleon, der zu dieser Zeit die hannoverschen Lande mit Gewalttätigkeiten und Plündereien heimsuchte.
Graf Plessen – aus dessen bedeutender Zucht nicht lange darauf eine große Zahl an guten und besten Vatertieren eine Beschälerbox in Celle zugewiesen erhalten sollte – trat heraus, um den hannoverschen Stallmeister Koch zu empfangen und das Eintreffen der «königlichen Hengste» zu erleben. Wenn auch Pferde sehr viel weniger wiehern, als ihnen dies in Erzählungen und Dichtungen für den ‹passenden Augenblick› unterstellt wird – hier geschah es!
Beim vordersten Handpferd begann der Lärm und setzte sich fast hundertfach fort. In fanfarenklingender Freude wähnten die jungen Hengste ihr Ziel erreicht, und die älteren Beschäler antworteten den Mutterstuten und Fohlen, die auf den durchschimmernden Hauskoppeln zuerst wie versteinert den Einzug der ungewohnten Gäste beobachtet hatten, um sie jetzt desto lebhafter und freudiger zu begrüßen.
In verhaltenem Erstaunen setzte bis vorn an die hohe Zäunung seines Paddock: Herodot xx, Hauptbeschäler im Gräflich v. Plessenschen Gestüt zu Ivenack und Urenkel des Godolphin Arabian, in blendend weißer Jacke, und verfolgte mißbilligend das Leben und Treiben auf dem Hofe.
«Ich bin seit längerer Zeit zu der Überzeugung gekommen», erklärte bei einem Spaziergang durch den Park des Gestüts der

Johann Georg Koch
1790–1803

1772 Scholar am Marstall in Hannover, 10 J. später dort Bereiter und später auch Commissär, kam Johann Georg Christoph Koch 1789 als Stm. nach Celle, etwa 35 J. alt. Er versuchte die Rasse durch engl. Hengste zu vereinheitlichen und erweiterte die beengten Räumlichkeiten des Gestüts.

Stallmeister Koch dem Grafen v. Plessen, «meinen Hengstbestand in erster Linie aus den Zuchten Mecklenburgs zu ergänzen. Unter den mitgeführten Beschälern besitze ich bereits eine größere Menge dieses Blutes. Unsere wohl besten Vererber sind die beiden Unique-Söhne Unique und Xenophon, die dort hinter Neubrandenburg in Ihlenfeld gezogen wurden. Auch Prevenant und Careless vertreten in weit überdurchschnittlicher Form den Ruf dieses Landes, in dem als unfreiwilliger Gast zu verweilen ich derzeit die Ehre habe.»

Im Verlauf dieser Unterhaltung waren die Herren vor einer gewaltigen Eiche stehengeblieben, deren Stamm zu umfassen eine Reihe ausgewachsener Menschen erforderlich gewesen wäre. Keiner von beiden konnte voraussehen, daß diesem urwüchsigen Riesen drei Jahre später eine besondere Rolle zufallen sollte. Die Truppen Napoleons entdeckten im Hohlraum dieses Stammes den dort verborgen gehaltenen Schimmelhengst Herodot, der sich durch mehrfachen Ruf aus der Stille seines ihm unheimlich erscheinenden Verstecks mit den Stallgefährten in Verbindung zu setzen versuchte. Napoleon ließ den bedeutenden Beschäler als Beutestück nach Paris mitführen.

Elf Jahre später brachte der preußische Feldmarschall v. Blücher Herodot in seine Heimat zurück. An der Stelle, da der Hengst die Landesgrenze überschritt, wurde ihm ein Gedenkstein errichtet.

*

Das Land Hannover hatte wirtschaftlich und pferdezüchterisch nicht unmerklich unter der Gewaltherrschaft Napoleons gelitten. Es begann sich erst wieder sichtlich davon zu erholen, als die Franzosen 1814 Hamburg und Bremen als letzte Plätze verließen.

Unter der Zuchtleitung des Oberstallmeisters August von Spörcken (1816–39) traten bereits 100 bis 140 Beschäler in jedem Frühjahr den Marsch auf die Deckstationen an. Es ist das Verdienst dieses Mannes, frühzeitig erkannt zu haben, daß nur eine strenge Zuchtwahl eine bestmögliche Ausnutzung der staatlichen Hengste – deren Zahl im Verhältnis zu den vorhandenen Stuten im Lande noch immer sehr gering war –, eine wirkungsvolle Verbesserung der Gesamtzucht gewährleisten konnte.

Er verfügte daher: «Gute Stuten haben dabei allerorten den Vorzug; die schlechteren werden, wenn die Beschäler zu viel zu tun haben, ganz ab-, sonst aber so lange zurückgewiesen, bis die besten versorgt sind. Jeder Deckleiter muß sich in seinem Bezirke eine genau Kenntnis der Stuten zu erwerben suchen und von den besten ein Verzeichnis einliefern, damit der Landstallmeister sie besichtigen kann. Er muß dabei nicht so sehr auf Kopf und Hals,

Aus Ivenack (im Bild das Schloß) Kr. Stavenhagen (Meckl.) kamen aus der Gräflich v. Plessenschen Zucht zuchtprägende Beschäler in das Ldg. Celle, vornehmlich Nachkommen des berühmten Herodot, dessen Blut in sehr vielen hann. Stämmen zu finden ist.

sondern mehr auf den vermögsamen Mittelschlag [Körper], gutes Hinterteil, starke Knochen und gesunde Augen sehen. Auch ist den Gestütknechten auferlegt, die Untertanen auf alle mögliche Weise und bei allen Gelegenheiten zu ermuntern, von ihren besten Stuten und den ihnen namhaft zu machenden Beschälern von Rasse nach Möglichkeit die allerbesten Stutfohlen zur Verbesserung ihrer Zucht heranzuziehen; ferner ist ihnen zugleich anbefohlen, denjenigen Untertanen, welche am meisten sich bestreben, ihren Stutenschlag zu verbessern, allemal die vorzüglichsten Beschäler zu geben. Es kommt mehr auf die Art als die Menge der Stuten an», heißt es in der Anweisung, «und noch mehr darauf, daß eine verhältnismäßige Zahl der Fohlen erzielt werde.»

Und er bemerkte zudem: «Ein großer Teil der vielen Luxuspferde, welche alljährlich unter dem Namen Mecklenburger nach Süddeutschland, Frankreich und Italien gehen, sind nichts als alles hannoversche Landgestütspferde. Auch werden jetzt fast alle Jahre Remontepferde für fremde Länder, z. B. Frankreich, die Niederlande usw., aus der hannoverschen Landgestütszucht von Händlern angekauft, und das hannoversche Militär bezieht fast ganz seinen Bedarf an Pferden aus dem Lande, drei Viertel ist mit Gewißheit anzunehmen, und es ist nicht Mangel an brauchbaren Pferden, wenn nicht die ganze Remonte inländisch ist, sondern andere Rücksichten. Ferner beweist der Umstand, daß jetzt hannoversche Pferde zur Zucht in Holstein eingeführt werden, wovon früher gerade das Gegenteil geschah, wie sehr sich die Pferdezucht in neuerer Zeit in Hannover gehoben hat.»

«Der Pferdehandel ist in jetziger Zeit der Haupterwerbszweig des hannoverschen Landmannes, daher man es schon übersehen muß, daß zum besseren Gedeihen der Pferdezucht selbst zu vviel verkauft wird. Doch sind auch Distrikte schon zu der Erkenntnis gekommen, eine bewährte und vielversprechende Zuchtstute um keinen Preis zu verkaufen und häufig Angebote von 300 Talern und mehr ohne Bedenken auszuschlagen.»

«Vorzüglich ist der Verkauf von Fohlen, besonders der Hengstfohlen, außer Landes bedeutend, welche, nachdem sie drei oder vier Monate gesogen haben, im Durchschnitt zu sechs Friedrichsdor das Stück verkauft werden. Um Ostern vorigen Jahres [1829] waren in den Hauptrevieren alle damals geborenen Hengstfohlen sämtlich verkauft und um Johanni kein Hengstfohlen von irgendeiner Stute mehr vorhanden.»

100 000 Taler gingen in den Jahren 1826, 1827 und 1828 jährlich allein für Füllen in den Bezirken des Landgestüts und des Königlich Hannoverschen Marstalls ein. Zu dieser Zeit deckten auch 60 Hengste des Marstalls im Lande. Ihre Anwesenheit zur Dienstleistung als Reit- und Wagenpferde war fast drei Jahrzehnte hindurch nicht erforderlich, da der Hof in England weilte.

Herodot xx (oben), geb. Ivenack 1793, eingeg. 1828 in Ivenack. Der legendäre Beschäler wurde von Napoleon geraubt, als er in einer alten, hohlen Eiche (unten: eine der Ivenacker Eichen) aufgespürt wurde, und nach Paris verbracht, von wo ihn FM v. Blücher nach dem preuß. Sieg über die frz. Truppen nach Ivenack zurückholte.

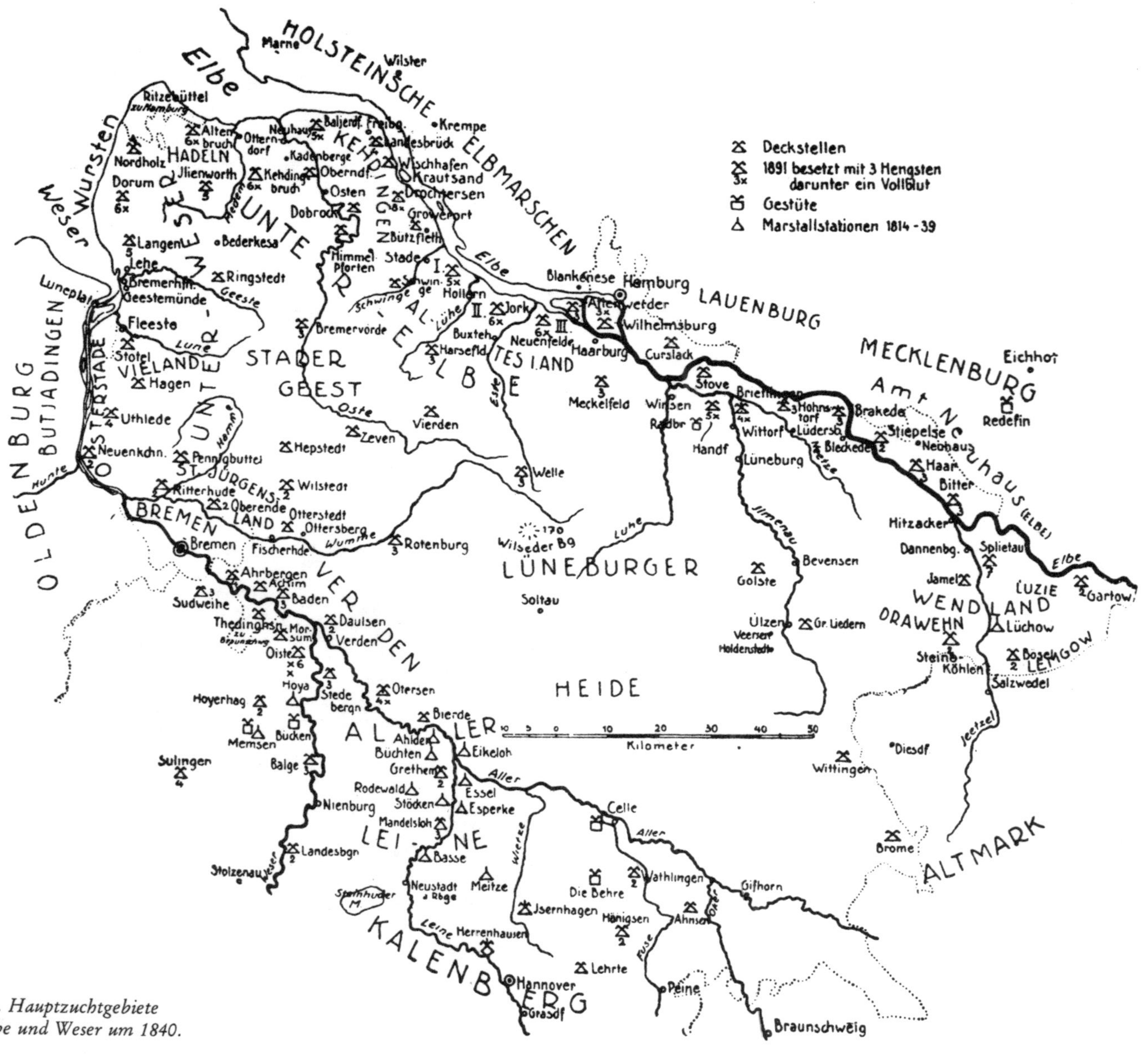

Hann. Hauptzuchtgebiete an Elbe und Weser um 1840.

AUGUST GEORG CARL CHRISTIAN V. STAFFHORST
1814–1815

Bereits 60j., übernahm v. Staffhorst das Ldg. Celle. In seiner kurzen Amtszeit 1814–15 beeinflußte er die Montierung des Gestütpersonals, hinterließ ein langes Dienstreglement und forderte Prämien für gute Stuten.

In ständig zunehmendem Maße bürgerte sich die Mode ein, Vertreter des «General Stud Book» in der Zucht zu verwenden. Diese Entwicklung führte zu dem Begriff der *Vollblutperiode* (etwa 1835 bis 1866). Neben den Halbbluthengsten aus Mecklenburg und Pommern wurde der englische Vollblüter im Landgestüt Celle Trumpf. Er gelangte vornehmlich über die Zucht des Obotritenlandes nach Hannover.
Auch orientalische Beschäler kamen über Trakehnen und das Friedrich-Wilhelm-Gestüt zu Neustadt an der Dosse nach Hannover und beteiligten sich an dem weiteren Blutaufbau der Landespferdezucht.
Als der mecklenburgische Baron von Biel 1831 das erste Union-Rennen ausschrieb, machte er sich wohl selbst noch keine Vorstellung, welchen Weg zum größten Einfluß auf die Landespferdezuchten er damit dem Vollblut eröffnete.
Schlagartig setzte ein Wettlauf um die Erwerbung vollblütiger Beschäler ein. Hieraus erklärt sich auch das schnelle Ansteigen der Zahl der staatlichen Vollbluthengste in Celle, welche 1841 ihren Höhepunkt mit 73 Beschälern erreichte.
Die Gefahr, die mit einer übermäßigen Benutzung von Vollblut in Zusammenhang stand und die in einer allzu umfangreichen Verdrängung wirtschaftlicher Formen und Eigenschaften der Pferde begründet lag, wurde rechtzeitig erkannt. Gut zwanzig Jahre später war in abfallender Kurve wieder ein Normalstand eingetreten.

*

Noch stand das Hoftor im Alten Lande weit geöffnet, das den großen Reisewagen des Oberlandstallmeisters Friedrich von Spörcken an einem naßkalten 1840er Märzabend aufgenommen hatte. Die beiden Celler Wagenhengste – seit Wochen auf vielfach unergründlichen Wegen durch Wesermarsch, Wursten, Hadeln und Kehdingen im Geschirr – traten mit langen, tiefen Hälsen, und infolge der Anstrengungen des Tages bedächtig in ihren Bewegungen, in die hocheingestreuten Boxen des vorbereiteten Stalles, als der Deckstellenvorsteher des einheimischen Bezirks nach kurzer Berichterstattung den Hof wieder verließ, um das eigene Quartier zu zeitiger Nachtruhe aufzusuchen.
Schon die frühen Morgenstunden ließen den Landstallmeister und seinen Gestütwärter auf der Deckstation zu eingehender Instruktion und zur Musterung der staatlichen Hengste zusammentreffen. Maidenstuten und Fohlenstuten – gesattelt und im Wagen – waren um diese Zeit aus vielen Ortschaften der näheren und weiteren Umgebung unterwegs, um sich ein Stelldichein zu geben mit den Vertretern ihres anderen Geschlechts.

Mit Bewilligung der Kammer vom 30. Januar 1815 erhielten die Gestütknechte einen roten Überrock nebst Hut sowie ein Livree . . ., und dann folgen peinlich genau Angaben über goldene Balletts, Westen, Beinkleider, Stiefel, Mäntel, Mützen und Zylinder.

Während in Erwartung der Hengstvorführung jeder berittene Ankömmling und jedes Gespann aufgeregt an die Seite gewinkt oder zum Halten veranlaßt wurde, erschien, von Züchtern, Zuschauern und allen Angehörigen des weiblichen Pferdegeschlechts gleichermaßen bewundert, der erste Beschäler im Rahmen der Stalltür: hengstig und ungebärdig angesichts der buntbewegten Umgebung.
So bereiste der hannoversche Landstallmeister um die Mitte des 19. Jahrhunderts jede Deckzeit hindurch das entfernungsreiche Zuchtgebiet in monatelangen beschwerlichen Fahrten, um durch persönliche Eindrücke ein untrügliches Bild über die züchterischen Verhältnisse zu gewinnen.
Er vollendete damit den Bau einer geistigen Brücke, die sein Vorgänger August von Spörcken für das Entstehen einer wirkungsvollen Zusammenarbeit zwischen Zuchtleitung und Zuchtpraxis zu erstellen begonnen hatte.
Mit dieser «Spörckenschen Epoche» begann das hannoversche Pferd allmählich in seinen heutigen Typ hineinzuwachsen.

1834 wurde Celle Rennplatz. Der Rennsport bewegte auch in Deutschland die Gemüter, nachdem in England schon seit Jahrzehnten der Turf blühte und im meckl. Doberan 1822 das erste Rennen gestartet worden war. Auch in Stade wurde um diese Zeit eine Rennbahn gebaut und mit Vollblütern beschickt.

Die Spörckensche Epoche und die Ära v. Unger

August v. Spörcken, 1816 bis 1839

Friedrich v. Spörcken, 1839 bis 1866

Friedrich v. Unger, 1868 bis 1891

August Frhr. v. Spörcken, geb. am 9. Juli 1778 in Lüneburg. Kadett, später Offizier im Rgt. der Königin. Stj. und Stm. beim Marstall Hannover. 1815 Kommandeur des Feldjägerkorps. Teilnahme an der Schlacht von Waterloo. Gen.-Major. Nach seiner Celler Tätigkeit OStm. und Marstall-Dir. in Hannover. 1854 gest.

Friedrich Frhr. v. Spörcken, geb. am 2. Juni 1790 in Lüdersburg, wurde bei seinem Onkel Gf. Plessen in Ivenack erzogen. Seit 1839 als «mit der Inspektion beauftragter Major» Leiter des Ldg. unter Oberleitung seines älteren Bruders August (bis 1844). Erst 1851 auch im Titel aufgerückt, gleich zum OLdstm. ernannt, militärisch zum Gen.-Lt. 1871 in Celle gest.

Nach einem 3j. Interregnum durch Ldstm. Schlütter kam Friedrich L. M. v. Unger, geb. am 23. Dezember 1817 in Wolfenbüttel, HofStm. und Dir. des Senneg. (1852–66), Leiter der Ldg. Marienwerder (1867) und Kassel (1867/68), als Leiter nach Celle. 1893 in Celle gest.

1830 baute August v. Spörcken den nach ihm benannten Hengststall, der den Gestüthof nach Osten flankiert. Hier sind heute die Hengste für eine höhere Reitausbildung untergebracht. Im linken Flügel befinden sich die Gestütbüros, im rechten Verheirateten-Wohnungen.

Godolphin xx, B. H., geb. 1818 Engl. v. Partisan u. Rudicule v. Schuttle, seit 1827 Beschäler im Gestüt Basedow (Meckl.) des Gf. Hahn. (Gemälde A. Adam, Lith. B. Adam.)

Herodes xx, Sch.-H., geb. Ivenack 1819 v. Herodot xx u. Miss Bashful v. Stamford. Beschäler im Gestüt Ivenack des Gf. Plessen. (Gemälde A. Adam, Lith. B. Adam.)

Robin Hood xx, R.-H., geb. Engl. 1818 v. Muley u. Miss Witch v. Sorcerer, seit 1821 Beschäler im Gestüt der Herren Baron v. Biel zu Weitendorf und Zierow. (Gemälde A. Adam, Lith. B. Adam.)

Seit 1815 hing am Bürgerhaus der Familie Oelfke in Verden (Aller) diese schwere Steinplatte, die heute im Deutschen Pferdemuseum ausgestellt ist. «Gaudemus equis», wir haben Freude am Pferd – diese Inschrift ist seit langem Wahlspruch der Reiterstadt.

Auf der Basis des Herodot xx-Blutes, das heute noch in fast allen hannoverschen Stämmen zu finden ist, und mit Hilfe der wertvollen Robin Hood xx-Nachkommen faßte das mecklenburg-pommersche Dreigestirn Norfolk, Zernebog, Jellachich in Hannover Fuß und leitete damit um die Mitte des 19. Jahrhunderts die erste typische Zuchtepoche von nachhaltiger Wirkung ein. Norfolk stellte allein für Celle 25 Beschäler und 160 weitere Nachkommen in männlicher Linie, wirksam unterstützt durch das Blut seiner beiden Stallgefährten aus Pommern, von denen Zernebog den großen Blutlinienbegründer Flick hervorbrachte, dessen Linie heute beispielsweise in Ferdinand und Fernjäger weiterlebt, auf den Warwick, der Olympiasieger 1976, zurückgeht. Neben Norfolk und Flick trat der Nabocklish-Sohn Schlütter über Julius und Schlucker mit einer weitverbreiteten Blutlinie in den Vordergrund.

Damit wurde eine Zuchtperiode aufgefangen und korrigiert, die als Vollblutperiode bezeichnet wird.

Daß man ganz allgemein in der zahlenmäßigen und wahllosen Verwendung von Vollblut zu weit gegangen war, vor allem in Mecklenburg selbst, galt bereits als unliebsame Tatsache. In diesem Land gelang eine Regeneration nicht annähernd so gut wie in Hannover, wo man zwar auch mit Kaltblut eingekreuzten Hengsten aus England ‹wider das Blut› sündigte, das reine Kaltblut aber vermied und sich außerdem

Beiram, B. H., geb. Meckl. 1829 v. Hercules (v. Sebastian xx), 1834–57 Ldb. Celle, danach abgegeben an das Senneg. Lopshorn.

Adrast, Sch.-H., geb. Ivenack v. Herodot xx a. e. St. v. Jupiter, verbreiteter Vererber und 15 J. Reitpferd des Gf. Plessen.

Phönix, db. H., geb. Meckl. 1827 v. Robin Hood xx, 1832–56 Ldb. Celle, 1857 getötet. Einer der großen Vererber seiner Zeit.

sehr schnell und überaus konsequent auf echtes Halbblut (Warmblut und Vollblut) besann.
Das Mischblut (Kaltblut, Warmblut, Vollblut) wurde in seinen Gefahren einer Bastardisierung rechtzeitig genug als trügerisch erkannt und aus dem staatlichen Hengstbestand verbannt. Ein Beispiel dafür, wie beliebt die ‹Gemeinen› für den Fohlenabsatz waren, wie unmöglich dann aber eine Weiterzüchtung wurde, gibt der ordinäre Landbeschäler Champion, geb. Engl. 1849:
Das Alte Land lag in voller Baumblüte. Die jüngsten Füllen machten ihre ersten Gehversuche im Freien. Jungfräuliche Stuten und Mutterstuten trabten durch den sommerhellen Morgen nach Jork. Zum 26. Male war der alte Hengst Champion hierher ins Land gekommen, obwohl ihn seine mit künstlichem Horn geflickten Hufe kaum mehr trugen. Immer wieder begehrt und respektvoll begrüßt, sobald er für den Akt der Paarung mit tastenden Schritten und unbeholfenen Bewegungen seine weichgestreute Boxe verließ.
Unter den Fohlenkäufern, die in jedem Jahr die teuer bezahlten überderben Champion-Fohlen in großer Zahl anderen Gegenden zuführten, standen an diesem Tage einige Neulinge. Neugierig darauf bedacht, den Erzeuger der Füllen zu sehen, für die sie ihre blauen Lappen in die Waagschale zu werfen gedachten, musterten sie und kritisierten, wie das von jeher üblich gewesen ist.
Die Fremden waren die letzten, die den ergrauten Beschäler zu Gesicht bekamen. Champion wurde bald darauf, im Jahr 1877, wegen Altersschwäche erschossen. Er war 28 Jahre alt geworden.
Ein Denkmal entstand zu seiner Erinnerung. Es wurde von dankbaren Züchtern errichtet, es kündet davon, daß durch eines einzigen Hengstes Wirken Reichtum dem heimischen Bezirk zu eigen wurde.
Champions Name wurde jedoch bald mit Zurückhaltung genannt, allmählich mit Vorliebe verschwiegen.
Auswirkungen seiner Typfremdheit und blutsmäßigen Minderwertigkeit – Clydesdale-Ahnen spielten hierbei eine wesentliche Rolle – verwässerten die Erbkraft verschiedener hannoverscher Stämme und bedrohten eine jahrzehntelange züchterische Arbeit.
Nur durch schnelle und gründliche Säuberung der zersetzten Stämme vermochte einer zunehmenden Gefahr extremster Vererbungsschwankungen, Mängeln in Typ und Ausdruck sowie Fehlern in der Stellung und der Bewegung der Gliedmaßen entgegengetreten zu werden.
Dies geschah rechtzeitig und umfassend. Größere züchterische Schäden, die infolge kurzsichtiger Konjunktur in bedrohliche Nähe gerückt waren, konnten auf ein Mindestmaß beschränkt werden.
Ungeachtet dieses Zwischenspiels zeichnete sich im Rahmen der Landespferdezucht immer deutlicher der Typ des werdenden hannoverschen Pferdes ab.
Dort, wo im Zuge einer vorsichtigen, schrittweise durchgeführten Verstärkung die Schönheit der Formen, der Adel und der Ausdruck, auch der Raumgriff und die Elastizität der Bewegungen zu sehr in den Hintergrund gedrängt wurden, erfolgte planvoll und dosiert der Einsatz von Veredelungshengsten.

Schloß Basedow bei Malchin, Stammsitz der Gf. v. Hahn, die auch in Faulenrost einen Guts- und Zuchtbetrieb unterhielten.

Das Hofg. Memsen in der Gfsch. Hoya existiert heute als Serum-Institut. Auch dieser alte Stall steht noch.

Norfolk, B. H., geb. Meckl. 1843 v. Y. Seymour, Celle 1849–71.

Zernebog, R.-H., geb. Pomm. 1845 v. Jupiter xx, Celle 1849–71.

Jellachich, B. H., geb. Pomm. 1844 v. Defensive xx, Celle 1850–66.

Auf den Koppeln von Weitendorf in Mecklenburg mit den Baronen v. Biel, wo Robin Hood xx, Vater des Muttervaters von Zernebog, residierte.

Die hannoverschen Pferde würden zu grob, in ihrer Vitalität zu labil und in ihren Reitpoints zu verschwommen, wenn nicht regelmäßig hochedle Hengste am Zuchtgeschehen teilnehmen. Das ist bis heute so. Die Scholle bringt von sich aus reichlich Kaliber und Masse.

Wirtschaftliche Gesichtspunkte und Übertreibungen zur einen wie zur anderen Seite haben eine kontinuierliche Entwicklung immer wieder gestört, und so wurde gegen Ende des 19. Jahrhunderts wieder ein Extrem konstatiert, das dieses Mal in Reinzucht zu viele knochenstarke, übermäßig vollrippige und kurzbeinige Individuen hervorgebracht hatte, wodurch Bewegungsvermögen und Reiteigenschaften in

The Nigger xx, R.-H., geb. Engl. 1847 v. Rob. d. Gorham, Celle 1852–67.

Westow xx, B. H., geb. Engl. 1846 v. Melbourne, Celle 1852–68.

Sampson xx, B. H., geb. Meckl. 1836 v. Cetus, Celle 1848–61.

Holderneß (rechts), Sch.-H., geb. Engl. 1838, Celle 1844–61 . . .

. . . und Sebras (darunter), Sch.-H., geb. Engl. 1840, Celle 1846–63, Importe ohne nachgewiesene Abstammung.

Crab xx (links), db. H., geb. Meckl. 1834 v. Straterne, Celle 1839–58.

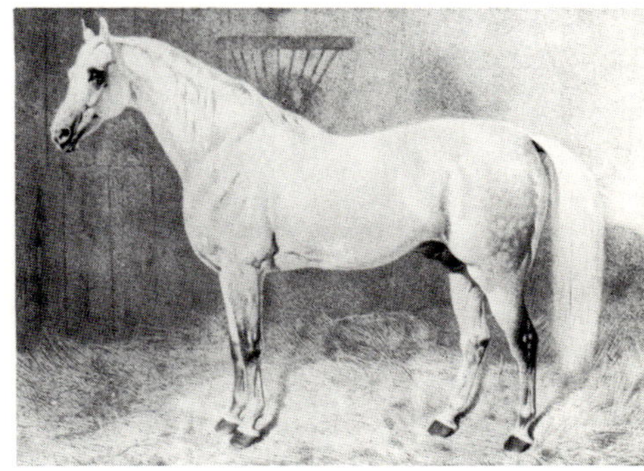

Dies ist der Typ des Cleveland in England, einer derben, praktischen Mischrasse, die sichere Arbeits- und flotte Wagenpferde hervorbrachte und der eine Reihe der damaligen Celler Landbeschäler entstammte.

Martaban (unten), B. H., geb. Hann. 1850 v. Sampson xx, Celle 1854–76, und Champion (ganz unten), B. H., geb. Engl. 1849 v. Coachman, gröbster Wagenschlag, Celle 1852–77.

Y. Confederate xx, F.-H., geb. Engl. 1834 v. Confederate xx, Celle 1838–59.

Frage gestellt waren.
Das Blut des Norfolk, des Julius und des Schlucker war so übermäßig verbreitet, daß Landstallmeister v. Unger bei Oberlandstallmeister v. Lüderitz, mit dem er keineswegs harmonisierte, allzu lange vergeblich vorstellig geworden war, sich mit der weiteren Remontierung von Hengsten dieses Blutes erhebliche Einschränkungen aufzuerlegen.

Der renommiertesten Norfolk-Zernebog-Jellachich-Verbindung entstammten die drei Vollbrüder Nord (links außen), Y. Norfolk und Nordstern, gez. a. d. Ebba (links) v. Zernebog – Jellachich – Malcolm – Hospur – Noble – Hektor – Careless, einer rein meckl. Ahnenkette. Der 178 cm große Nord, B., wurde 1866 in Herrenhausen geb. und verließ das Ldg. Celle 1892.

Schlütter (links), F., geb. 1867 v. Nabocklish (Engl.) – Dechant, 180 cm groß, wirkte in Celle bis 1890. Ein Jahr länger als sein Vater deckte Julius (links außen), Hf., geb. 1871 a. e. St. v. Flick – Fingal I – Client.

Alnok (links außen), F., geb. 1888, 177 cm, v. Adeptus xx (links) u. e. St. v. Nord (oben links) – Alliwal – Y. Ohio, kam erst 5j. ins Celler Gestüt, da er koppte.

Schloß Weitendorf des Barons Wilhelm v. Biel, der sich auf dem für Hannover so bedeutungsvollen Robin Hood xx nach einem Duell in Hamburg einer mörderischen Verfolgung entzog. Nach dieser Rettung wurde bei Wismar ein Gasthof nach Robin Hood xx benannt.

Erste deutsche Pferdeausstellung 1890 in Berlin

Die Pferdemaler jener Zeit haben Edles edel, Grobes aber vielfach veredelt und beschönigt dargestellt, so daß wir heute von manchen Individuen ein Bild bekommen, in dem Gemälde und Beschreibung nicht immer identisch sind. Man vergleiche beispielsweise Julius auf Seite 42 mit einem Foto auf Seite 44.

In Berlin hatte vom 12. bis 22. Juni 1890 im Auftrag des Kgl. Preußischen Ministeriums für Landwirtschaft, Domänen und Forsten der Union Club zur ersten allgemeinen deutschen Pferdeausstellung aufgerufen. Hierzu gehörten eine Zuchtabteilung, eine Gebrauchsabteilung, eine Konkurrenzabteilung für Leistungsprüfungen und eine «Tote Abteilung» mit Stalleinrichtungen, Kunst, Wissenschaft, Futtermitteln und Veterinärwesen.

Der Ausstellungsplatz lag unmittelbar am Stadtbahnhof Zoo und an zwei Stationen der Pferdebahn. Die Stallungen waren hauptsächlich in den Stadtbahnbögen für 1 542 Pferde hergerichtet. Die Boxenmiete kostete 30 M, für Kastenstände wurden 20 M, für Lattenstände 15 M bezahlt.

Hannover auf der Weltausstellung in Chicago 1893: Sidonie, B. St., geb. 1885 v. Schlütter – Botho (v. Black Tommy xx – Malcolm – Y. Herodot xx – Unique – Careless), Züchter: Hermann Grube, Bütlingen Kr. Lüneburg, edler und wuchtiger Typ mit viel Bewegung (nach einem Aquarell von E. Volkers).

In der Abteilung Zucht stellten die Staatsgestüte Beberbeck, Graditz und Trakehnen aus. Dazu die Zuchtgebiete Ostpreußen, Hannover, Schleswig-Holstein, Westpreußen, Thüringen, Posen, Westfalen, Braunschweig, Rheinprovinz, Schlesien, Bayern, Hessen-Nassau, Pommern, Sachsen-Weimar, Brandenburg, Mecklenburg-Schwerin und Oldenburg.

Die Ausgaben für die Ausstellung beliefen sich auf 458 771,56 M, die Einnahmen auf 341 810,10 M, so daß eine Mindereinnahme von 116 961,46 M entstand, die der Union Club aus eigenen Mitteln zuschoß. In den Einnahmen waren 100 000 M aus dem Dispositionsfond des Kaisers und 50 000 M vom Landwirtschaftsministerium enthalten. 109 799 M waren als Eintrittsgelder aufgekommen. Etwa 100 000 Besucher wurden gezählt.

Durchbruch zur ‹Moderne›: Der engl. Vollblüter Kingdom xx (rechts), B., geb. 1879 v. Kingcraft u. Light v. Prime Minister, 1899 ausrangiert, und sein Sohn King (rechts außen), B., geb. 1890 a. e. St. v. Norfolk – The Nigger xx – Roland II xx – Unique – Careless – Cabineer, 1912 am Ende seiner Laufbahn.

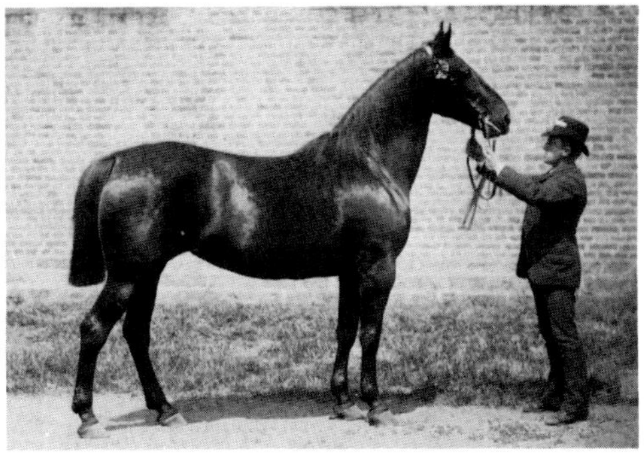

Das größte, mit einem 1. Preis versehene hann. Kontingent stellte v. Borstel, Drochtersen, darunter die Julius-Tochter Julie (links oben). Außer Konkurrenz entsandte das Ldg. Celle den alten Julius (19, links) mit fünf Söhnen, von denen hier (je darunter) Juli, F., geb. 1877 a. e. St. v. Süd, und Julianus, db., geb. 1878 a. e. St. v. Admiral I, im Bild festgehalten sind. Bei der Julius-Gruppe wurde vor allem deren Gleichmäßigkeit hervorgehoben.

Unter den holst. Hengsten erhielt Y. Imsel (rechts), R., geb. 1887 v. Imsel u. Bonne v. Y. Salow, einen 2. Preis (200 M), bei den oldenb. kam Enno, db., geb. 1885 v. Eggi – Agamemnon, zu einem 4. Preis, und in der hann. Kollektion siegte aus Ostfr. der 1885 geb. R.-H. Xerxes v. Jago u. Mira v. Alten Normann (600 M).

Die Kgl. Landwirtschafts-Gesellschaft zu Hannover organisierte die Nominierung für die Berliner Ausstellung auf der Basis dieser Bekanntmachung:

1. Aus Mitteln des Vereins werden bis zu 15 000 M als Beihilfe bewilligt.
2. Hannover entsendet Pferde aus
   den Lüneburger Marschen,
   dem Alten Lande und dem Lande Kehdingen,
   dem Amte Neuhaus, dem Lande Hadeln und Wursten,
   dem Herzogtum Verden,
   Ostfriesland.
3. Die Pferde werden durch eine Kommission ausgesucht.

Die ostpr. Ldg. Gudwallen, Georgenburg und Rastenburg entsandten 13 Beschäler außer Konkurrenz nach Berlin. Sie standen überwiegend im Reittyp und waren von bestechender Schönheit. Rechts oben Panuel, B., geb. 1884 Trakehnen v. Malteser u. Parthie v. Venerato, dann Poros, F., geb. 1887 Trakehnen v. Passvan u. Pompadour v. Inspector x, und Fanfarro, geb. 1885 Pusper v. Friponnier xx u. Verbena v. Fritter.

Zur Nominierung gelangten 59 Pferde, davon 15 aus Ostfriesland. Ostpreußen brachte 173 Pferde nach Berlin.
Die an sich günstige Kritik über die hannoversche Kollektion mündete in der Feststellung: Vielleicht ist die Zeit da, in der etwas mehr edles Blut wieder in den Vordergrund treten müßte. In der Klasse 30, 83 vierjährige und ältere Stuten, darunter 6 hannoversche, sprach die Berichterstattung den Ostpreußen höchstes Lob aus: In der Qualität waren die ostpreußischen Stuten allen anderen so sehr überlegen, daß von 20 zu erteilenden Preisen 17 an sie fielen. Nach ihnen traten zunächst jene aus Schleswig-Holstein und Hannover hervor.

Der Ausspruch Friedrich v. Spörckens, man solle sich statt der Engländer doch lieber Veredelungshengste aus Ostpreußen holen, fand hier seine Berechtigung. Unter Landstallmeister Dr. Grabensee wurde dieser Plan dann verwirklicht, wobei auch Graditzer und Beberbecker auf Trakehner Basis nach Celle geholt wurden.

Die feierliche Eröffnung der Ausstellung fand programmgemäß durch den hohen Protektor, S. K. H. Prinz Leopold v. Preußen, am 12. Juni 1890 mittags 12 Uhr im Kaiser-Pavillon statt. S. Exz., der Herr Staats-Min. Dr. Lucius Frhr. v. Ballhausen, richtete an den hohen Protektor eine Ansprache. Der Herr Landw.-Min. und der Herr OLdstm. Gf. Lehndorff gaben bei den Vorführungen die nötige Auskunft.

Lage der mit Beschälern des Königl. Landgestüts Celle besetzten Deckstationen und Anzahl – Vollblut gesondert – der dort im Jahre 1914 aufgestellten Hengste, sowie Anzahl der im Jahre 1912 aufgezogenen (bis zu 4 Jahre alten) Pferde (ausschliesslich der Militärpferde) in den betreffenden Kreisen der

PROVINZ HANNOVER

Unter Ldstm. Dr. Grabensee wurde auf Adel vermehrt Gewicht gelegt. Rechts die R.-St. Oriana, geb. 1897 v. Orinocco (Beberbeck) – Julius – König. Links die Dortmunder DLG-St. Desmore (1. Preis) aus dem Läneb. Zuchtgebiet von A. Wiegels, Roydorf.

Friedrich Schöttler schreibt in seinem 1914 erschienenen Buch *Das hannoversche Pferd:* «Grabensees Ziele waren die Züchtung auf Leistung, der Ausbau der Zucht des hannoverschen Pferdes, die Erweiterung der hannoverschen Pferdezucht im allgemeinen. Das unbestrittene Verdienst Grabensees bleibt es, durch die Wahl der richtigen Blutströme und durch die Belehrung der bäuerlichen Züchter, in deren Händen die hannoversche Pferdezucht vorwiegend liegt, den unter hannoverscher Regierung begründeten, der Verfeinerung aber schon etwas zuneigenden Typ des Hannoveraners fester und massiger gestaltet zu haben.

Der Beschälerbestand war nach dem Kriege 1870 langsam gestiegen und hatte 1895 die Zahl von 236 Hengsten erreicht. 1905 waren 271 Hengste vorhanden. Dann setzt ein gewaltiger Aufschwung der ganzen Zucht ein. In den nächsten zehn Jahren stieg der Beschälerbestand auf 390. Im Jahre 1913 wurde die Anlage des hannoverschen Stalles in Westercelle mit seinen Isolierställen und der Trainierbahn in Adelheidsdorf gepachtet. Hier waren später zeitweise bis zu 75 Hengste untergebracht.

Mit genialem züchterischen Verständnis und weit vorausschauend, hat Grabensee das Landgestüt und damit die hannoversche Zucht ausgebaut, wobei er unentwegt das Ziel im Auge hatte, ein bodenständiges starkes, aber edles Warmblutpferd zu schaffen, das in jedem Betriebe und Gebrauch verwendbar ist. Damit hat er das Fundament zur heutigen und künftigen Entwicklung in der hannoverschen Warmblutzucht gelegt.»

Mit 103 gekörten Söhnen, davon 78 Celler Ldb. und 303 im Hauptstutbuch eingetragenen Töchtern, erreichte Nelusko eines der größten züchterischen Rekordergebnisse. Nach 26 Deckj. hat sich der 165 cm Stockmaß große, 1897 geb. F.-H. v. Neckar (Ostpr.) u. Finette v. Fiesco II – Augur II (Ostpr.) von seiner Deckstation Altenbruch (unweit Cuxhaven) im Alter von 29 J. verabschiedet. Er wurde dort beigesetzt, und mit einem Gedenkstein (unten) bedankte sich seine Züchtergemeinde.

In mehr wissenschaftlichen Überlegungen

Die Ära des Landstallmeisters Dr. Hubert Grabensee

In Büderich am 2. August 1841 geb., studierte Wilhelm Hubert Grabensee Tierarzneiwissenschaft und war dann als Roßarzt in Trakehnen, Dillenburg und Graditz. Wickrath leitete Dr. Grabensee als Gestüt-Dir. 1892 kam er nach Celle und wurde ein Jahr später Ldstm. 1915 starb er.

Auf vielen Höfen hatten sich wertvolle Stutenfamilien entwickelt. Hier in Kehdingen stellt sich die 1901 geb. Lolli (ganz rechts) v. Lorval u. Melusine v. Medardus bei Friedrich v. Borstel in Agathenburg Kr. Stade mit ihren drei Commandeur-Töchtern Comati, Coraline und Copiaga vor.

Aus Schöttlers Werk *Das hannoversche Pferd* erhalten wir Kenntnis über mannigfache Interna aus dieser Periode: «Für die Bedeckung durch Vollblut werden für Halbblutstuten 15 M verlangt, im übrigen werden an Deckgeldern 14, 12 und 10 M erhoben. Den Eigentümern werden Deckscheine ausgehändigt, auf Grund welcher Befreiung von der Vorführung bei den Pferdevormusterungen zu Aushebungszwecken erfolgt. Durchschnittlich deckt ein Hengst 60 Stuten, von denen 38 tragend bleiben. Für jedes 3 Wochen alte Fohlen ist ein Füllengeld von 10 M zu entrichten, der Besitzer erhält einen Fohlenschein, der je nach dem Grade der Veredelung eine weiße, rote oder blaue Farbe aufweist. Ein weißer Schein zeigt an, daß die Abkunft der Mutter sich nicht auf Celler Hengste stützt und auch sonst nicht nachgewiesen werden kann, während blaue Scheine für die von Vollbluthengsten gefallenen Fohlen ausgegeben werden, wenn die edle Abstammung der Mütter nachgewiesen ist. Rote Füllenscheine werden für die Füllen von Celler Halbbluthengsten ausgestellt, wenn die edle Abstammung der Mütter nachgewiesen ist. Im Jahre 1913 wurden etwa 4000 weiße, 9000 rote und 121 blaue Fohlenscheine ausgestellt. Die Scheine haben die Eigenschaften einer Urkunde, für die genaue Ausstellung sind die Stationsvorsteher verantwortlich. In Verlustfällen wird die Ersatzbescheinigung – ebenso wie auch sich später herausstellende Änderungen im

Der Radautzer Amurath I mit seinen Söhnen Amur, Amoroso und Amor in Celle. Er vererbte nur seine Schimmelfarbe und ist über seinen Enkel Amateur u.a. noch in Agram und Gotthard vertreten. Die Schimmelfarbe im heutigen Celler Hengstbestand geht auf Amurath I, Lateran und Kurde x zurück.

Amurath I wurde 1898 im K. u. K. Gestüt Radautz in der Bukowina geb. Er kam 4j. im Austausch mit dem 12j. Beberbecker Orinocco, der an das österr. Staatsg. Piber versetzt wurde, nach Celle. Sein Vater, Amurath ox, gez. in Weil, hatte 20 J. erfolgreich in Radautz gewirkt.

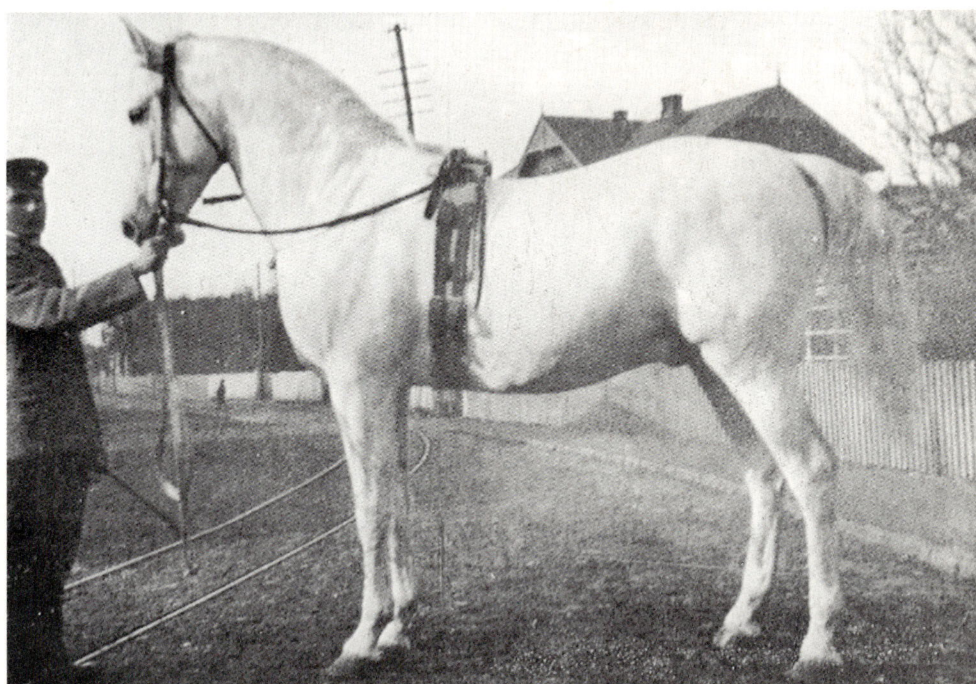

Alnok, F., 166 cm, geb. Hann. 1888 v. Adeptus xx – Nord, kam erst 8j. auf Station. Im Alter von 25 J. schied er aus und hinterließ 27 Beschäler (davon 22 für Celle) und 110 Hauptstutbuch-St. Sein bedeutendster Sohn wurde Alderman I.

Alderman I, F., 168 cm, geb. Hann. 1909 v. Alnok u. Germanna v. Geßler (Ostpr.), bezog 1912–32 die Deckstelle Drochtersen, wo auch sein Vater die letzten 11 J. gestanden hatte. Er lieferte 110 Beschäler (71 Celler) und 210 Hauptstutbuch-St.

Hengstparade in Celle um 1910. Zu dieser Zeit war aus den einfachen Hengstvorführungen bereits Shows erwachsen, die unter Begleitung einer Militärkapelle in zahlreichen Bildern abliefen und große Zuschauermassen anzogen.

Signalement – ausschließlich durch die Leitung des Gestüts bewirkt.

Von großer Bedeutung für die Zucht ist die hohe Qualität des Landgestüt-Wärterpersonals, welches über die Zuchtverhältnisse im allgemeinen und ihres Bezirks im besonderen gut unterrichtet sind. Bei diesem handelt es sich meist um jüngere Söhne von Landwirten, welche Lust und Liebe für ihren Beruf mitbringen und 14- bis 15jährig im Gestüt zunächst probeweise und dann als Hilfswärter angenommen werden. Später erfolgt ihre Beförderung zum Gestütwärter, welche als Leiter einer Deckstation Stationsvorsteher genannt werden. Während ihrer Ausbildungszeit werden sie auch über Anatomie des Pferdes und über Pferdepflege instruiert. Zur Zeit sind vorhanden: 1 Sattelmeister bzw. Magazinverwalter, 2 Futtermeister, 4 Oberwärter, 110 Gestütwärter und 65 Hilfswärter. Als Stationsvorsteher haben sie die Paarungen zu leiten und dafür Sorge zu tragen, daß ungeeignete und fehlerhafte Stuten von der

Diese Fuhse-Brücke verbindet die beiden Gestütteile miteinander. Im Hintergrund liegt der Grabensee-Stall mit der Turmuhr. Heute liegt stadteinwärts der Fuhse nur noch der Jägerstall.

King, B., 166 cm, geb. Hann. 1890 v. Kingdom xx – Norfolk, deckte vorwiegend im Verdener Raum, in Otersen und Stedebergen. 8 J. war er Hptb. in Beberbeck. 1912 beendete er seine Tätigkeit. 16 Söhne (14 Celler) und 73 Hauptstutbuch-St., darunter zahlreiche Hengstmütter, hinterließ er in Hannover.

Kirkland, B., 166 cm, geb. Hann. 1904 v. King – Nordland, stand sein ganzes Leben (1907–28) in Oiste Kr. Verden auf Station. Er brachte 17 gekörte Söhne (9 Celler) und 122 Hauptstutbuch-St., u. a. Kebansa, die Mutter von Feiner Kerl.

In vielen Generationen wuchsen hann. Pferde auf bäuerlichen Höfen. Die ganze Familie nahm Anteil an der Geburt der Fohlen und deren Aufzucht.

1907 wurde Flenheim (unten links), B., 170 cm, geb. Hann. 1886 v. Flick a. d. Blüthe v. Blenheim xx, nach 18j. Dienstzeit in Celle an einen Privatzüchter abgegeben . . .

. . . und er hinterließ unter 23 Hengstsöhnen und 94 Töchtern im Stutbuch v. a. den hervorragenden Flingarth (unten), B., 166 cm, geb. Hann. 1906 a. d. Kimbale v. King.

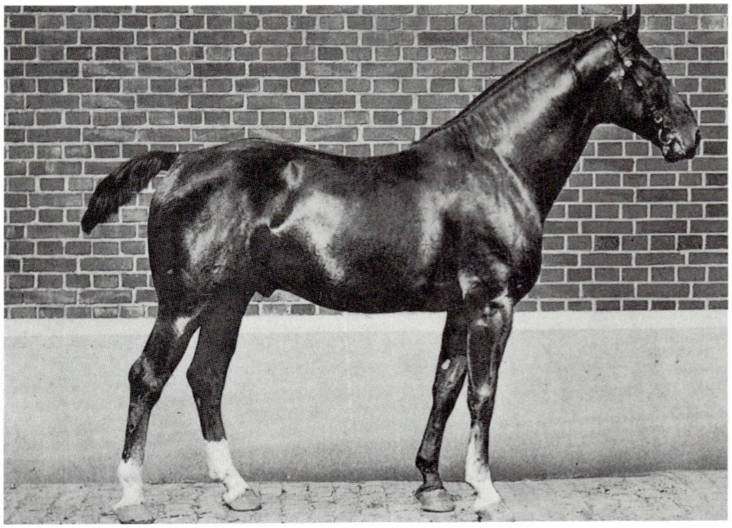

Bedeckung ausgeschlossen werden. Auf Grund des von ihnen geführten Deck- und Abfohlregisters haben sie die betreffenden Scheine auszustellen und Buch zu führen über die vereinnahmten Gelder und die Ausgaben an Futter. Die eigenen Einnahmen des Gestüts betragen 460 885 M, der Staatszuschuß beträgt nach dem Etat 1914: 135 917 M (für Landgestüte überhaupt 1 798 454). Das Landgestüt Celle wirtschaftet verhältnismäßig billig; die Einnahmen aus Sprung- und Füllengeld sind angesetzt für jeden Celler Beschäler mit 1 110 M (durchschnittlich pro Landbeschäler 835 M), der Staatszuschuß mit 340 M (durchschnittlich 493 M). Die Hengste werden im Februar auf die einzelnen Stationen gebracht und 4–5 Monate dort belassen.»

Für den Mutterstamm der Deckstelle Großenwörden wurde Schumann, F., 166 cm, geb. Hann. 1911 v. Sheridan – Schulemann, mit 153 Zuchttöchtern von Bedeutung.

Nach Alary III und Nenner gehörte Flettner, B., 166 cm, geb. Hann. 1926 v. Flamingo II (v. Fling) u. Nitilde v. Nenner, zu den bekannten Aktionstrabern.

Unter Dr. Grabensee entwickelten sich die Vorführungsarten der Celler Hengste in allen möglichen Versionen. So konnte man auch zweifache und dreifache Fahrschulen (unten) mit großen, im Hals besonders gut aufgesetzten, massigen, aber edlen Hengsten bewundern.

Der berühmte Nelusko (oben) und Sportland (oben rechts), F., 170 cm, geb. Hann. 1907 v. Sport (Ostpr.) u. Nomfriede v. Nordland (26 Söhne, 203 Stutbuchtöchter).

Sehr stark, derb und über viel Boden: Jasperding (rechts), F., 167 cm, geb. Hann. 1907 v. Jasmund u. Nannecke v. Naber, gest. 1928.

Entwicklung einer bedeutenden Blutlinie

Rechnet man diese bedeutsame Blutlinie von der Geburt ihres Begründers, Flick, so ist sie heute 116 Jahre alt. Eine solche Lebensdauer ist selten, zumal ein Weiterleben auf längere Sicht durchaus wahrscheinlich ist. Diese Erwartung begründet sich vor allem auf die drei Ferdinand-Söhne Winnetou, Wedekind und Wendekreis und ihre männlichen Nachkommen in der Zucht. Ihre Eigenschaften verbinden sich mit den Anforderungen im großen Springsport, die ihnen der ‹Millionär› Ferdinand (seine Nachkommen gewannen im Turniersport mehr als 1 Mio. DM) vererbt hat. Aber auch die anderen Zweige haben Aussicht, das F-Blut in seiner typisch hannoverschen Aufmachung weiterzutragen. Vornehmlich über Wöhler und Florentiner II.

Drei Olympiasieger gab es 1976 aus dieser Linie: Woyzeck, Mehmed und Warwick.

Zwei große hann. Blutlinien, die sich bis heute auch in männlicher Linie erhalten haben, entstanden durch Adeptus xx (geb. 1880) und Flick (geb. 1861). Hier soll die Verzweigung der F-Linie, die infolge Namensmangels zu F um 1950 auf den Anfangsbuchstaben W umgestellt wurde.

Flingerth
Echter Hannoveraner in F-Vollblutveredelung.
King-Blut weiterhin bei Nachkommen.

X

King
Vollblutsohn, dessen Einfluß die F-Linie prägte und im Typ gravierte.

Fling, B., 163 cm, geb. Hann. 1911, verzweigte mit sieben von seinen 25 Celler Söhnen das F-Blut in hervorragender Qualität und Beständigkeit.

Flieger, db., 161 cm, geb. Hann. 1915 (a. e. Colorist-Mutter), brachte Fliegerstern (unten).

Fliegerstern, B., 165 cm, geb. Hann. 1924 a. d. Magd v. Morgenstern (Ostpr.).

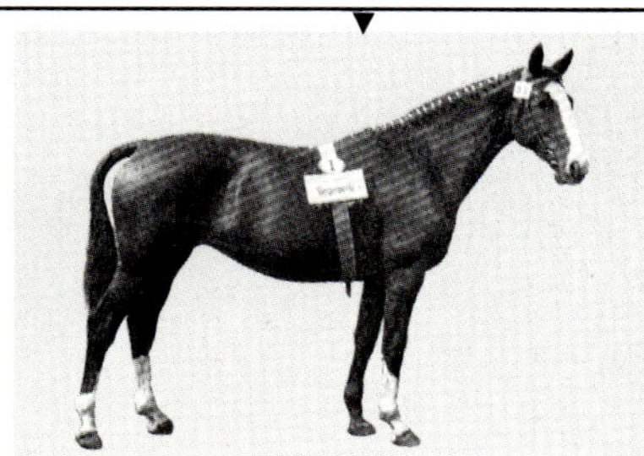

Flintenstein III, B., 167 cm, geb. Hann. 1922 (a. e. Feuerstein-Mutter), lieferte Flak (oben), B., 167 cm, geb. Hann. 1926 a. d. Faranda v. Fakir.

Flavius (oben), db., 163 cm, geb. Hann. 1915 a. d. Aurelie v. Athanas, beeinflußte nachhaltig durch Flügelmann I einen Zweig des F-Blutes.

Feiner Kerl, B., 159 cm, geb. Hann. 1919 a. d. Kebansa v. Kirkland, gest. 1943. 114 gek. Söhne, 278 Stb.-Töchter. – Begraben in Altenbruch mit Gedenkstein.

Fliegerstern
Fiat I
Firnis – Frühsport
Firnis → Weissgold

Windsor
F., geb. 1963 a. d. Juno v. Julius Caesar xx, hoffnungsvoller Stammhalter dieses Zweiges.

Flak
Futurist I
Wulf – Wurf – Frustra II
Frustra II → Wohlauf – Wohlan

Windhuk
F., geb. 1963 a. d. Jurarose v. Juragold, ein bedeutender Vertreter dieser F-Gruppe.

Flügelmann I
Flügeladjudant
Wöhler – Florentiner II
Wöhler → Wohlklang + Wunsch II → Woyzek

Widerhall
Sch., geb. 1964 a. d. Fliegerperle v. Frühsport. Vererbte schwere, bequeme Springhunter.

Fermor III – Feinschnitt I – Frevler – Fernjäger
Fermor III → Freiherr → Weingeist → (Simona)
Feinschnitt I → Ferrara → Ferdinand
Frevler → Wrede
Fernjäger → Wortschwall – Wernitz +Wendelstein
Wortschwall → (Warwick)
Ferdinand → (Mehmed) – Winnetou – Wedekind

Wendekreis
B., geb. 1967 a. d. Domgöttin v. Domspatz. Einer der drei springvererbenden Ferdinand-Söhne.

Der Andrang zu den Stutenschauen war seit der Jahrhundertwende oft unvorstellbar. In verschiedenen Altersklassen (heute: 2j., 3j., 4–5j., 6j., Familien) wurde gerichtet, prämiiert und rangiert. Das Interesse an diesen Veranstaltungen hat sich unvermindert erhalten.

Flirt, B., 166 cm, geb. Hann. 1917 (r. Br. zu Fling und Flint), wird hier dargestellt durch Flimmergold (oben), Spitzenvererber in Labes (Pomm.), v. Flimmer I.

▼

▼ Finnland I, II

▼ Flimmer I, II

Flint, B., 164 cm, geb. Hann. 1915 (r. Br. zu Fling und Flirt), war Hptb. in Herrenhausen und wirkte auf den Deckstellen Stedebergen und Landesbrück.

▼

Flintglas

▼

Flingo

Eine Reihe von Deckstationen ist weit älter, als dies in der Überlieferung verzeichnet ist. Für Oiste Kr. Verden ist als Gründungsjahr 1816 angegeben. Und so wurde hier 1927 am Gasthaus mit Hengstenstall «Zum Holderneß» (nach dem berühmten Beschäler benannt) wohl einer Schnapszahl zuliebe das 111. Bestehen gefeiert. Im Vordergrund Mitte Ldstm. Korndorff und die Hengste (von links) Kirkland, Shagya XVII-12 und Flirt.

Pepita (unten unter Rittm. Oesterley) v. Colani, gewann 1913 bereits 9315 M und war danach das erfolgreichste Turnierpferd im Kaiserreich. Bei den ersten Olymp. Spielen horchte die Pferdewelt auf, als anstelle der üblichen engl. Pferde drei Hannoveraner im großen Springen herausragten. Dohna (daneben mit Oblt. v. Kröcher) v. Delphos xx gewann die Silbermedaille, Ultimus v. Cäsar (v. Jasal, Hann.) mit Oblt. Freyer belegte den 5. und Polyphem v. Isaschar den 12. Platz unter Lt. Gf. Grote. Die deutsche Olympia-Springequipe paradiert rechts im Bild.

Im ersten Jahrzehnt des neuen Jahrhunderts gab es bereits einen nennenswerten Turniersport, der sich jedoch zunächst vorwiegend in «Preisreiten» der Militärs erschöpfte. Es war Mode, hierbei englische Pferde zu reiten. Und so wurde es zur Sensation, als 1912 bei den ersten Olympischen Reiterspielen in Stockholm drei hannoversche Pferde zu hohen Ehren kamen. Der Entwicklung des wettkampfmäßigen Reitens, an dem sich bald auch das Zivil beteiligte, stand nichts mehr im Wege. Hannoversche Pferde spielten zu dieser Zeit allerdings schon eine große Rolle in Halbblutrennen. Von 1904 bis 1913 siegten hierin in Zoppot, dem bedeutendsten Meeting, vier Hannoveraner, fünf Pferde Trakehner Abstammung und ein Pferd aus Neustadt (Dosse).

Hinter den Kulissen der Zucht

Eine Wanderung durch das Hauptgestüt Memsen, eine Verfügung für die Lohn- und Kostknechte des Kgl. Landgestüts zu Celle von 1840, Kriterien der Deckstellenbesetzung von 1911, eine Hengstvorführung von 1898 und Charakteristisches aus der Zeit der Landstallmeister v. Unger und Dr. Grabensee führen uns zu besonderen Themen dieser Zeit.

Zwei hannoversche Gestüte lieferten vornehmlich den Pferdenachwuchs für den königlichen Hof und stellten einen großen Teil der Marstallbeschäler: *Memsen* und *Neuhaus* auf dem Solling.

Ein buntes Farbenspiel belebte die ausgedehnten Weideflächen des alten Gestüts Memsen, die sich von Nienburg abwärts bis unterhalb Hoya am Flußlauf der Weser entlangzogen. In der erdrückenden Schwüle einer sommerlichen Mittagsstunde zog mit tiefen Köpfen und ruhigen Bewegungen – nur die Schweife fächelten unablässig nach lästigen Insekten – die Mutterstutenherde der elf Weißgeborenen mit ihren Fohlen zur Weser hinunter, um im Strom des fließenden Wassers Erholung vor Hitze und Fliegenplage zu finden. Kein Luftzug störte diesen einschläfernden Frieden. Und doch zog jene erregende Stimmung herauf, die das Unheimliche eines nahenden Gewitters anzukündigen pflegt. Während zunehmender Wind die unbewegten Weidenbäume belebte, entstiegen zwölf einfarbige Rappstuten in seltenem Glanz der schwefelfahlen Beleuchtung abwartend der dunkelnden Oberfläche des Flußbettes.

Die Herde der perlfarbigen Isabellen dagegen sammelte sich in der Nähe des geräumigen Wetterschuppens. Diese Farbenbezeichnung soll an die Farbe des Hemdes der Erzherzogin Isabelle, Tochter Philipps II. von Spanien, erinnern. Angeblich tat die Herrscherin das Gelübde, ihr seidenes Hemd nicht früher zu wechseln, als bis die Eroberung Ostendes durch ihren Gemahl, Erzherzog Albrecht von Österreich (1559–1621), gelungen sei – und danach soll sie es von 1601 bis 1604 getragen haben.

Die Deckstellen des Kgl. Ldg. zu Celle waren gelegentlich kunstvoll gekennzeichnet. Hier die Visitenkarte der Deckstation Hoyerhagen Kr. Gfsch. Hoya, heute noch unter dem Begriff Tivoli besetzt und bekannt.

Weiter drüben trabten in sichtbarer Eile, von dem Rollen des ersten Wolkenzusammenstoßes begleitet, zweijährige Fohlen aller Farben, unter ihnen einige mausgraue und gelbe.

Ganz in der Ferne waren gerade noch lebhafte Bewegungen auf den äußersten Koppeln zu erkennen, in denen zahlreiche Pensionsfohlen der bäuerlichen Züchter aus dem Hoyaschen aufgezogen wurden. Dann fielen die ersten schweren Tropfen, um gleich darauf in einem gewaltigen Wolkenbruch alles zu überschwemmen.

Ähnlich wie das Marstallgestüt Neuhaus auf dem Solling mit seinen härteren Aufzuchtbedingungen verfügte Memsen um 1830 über 4 Beschäler, 69 Mutterstuten und 150 Füllen in vier Jahrgängen. Die Beschäler kamen vielfach aus England, zeitweilig auch aus dem Orient.

Rapphengste aus Neapel – einer aus Trakehnen – bauten die schwarze Herde auf.
Beschäler und Stuten aus dem dänischen Gestüt Frederiksborg verbreiteten die Weißgeborenen.
So standen die Memsener Pferde vorwiegend im Typ der englisch-orientalischen Rasse und verbanden hohen Adel mit einer erwünschten Größe und ausreichenden Stärke.
Die Bedeutung beider Gestüte lag vornehmlich in der Produktion von Reit- und Wagenpferden für den Dienst am königlichen Hofe, später auch in der Lieferung staatlicher Hengste. Ihr Einfluß auf die Landespferdezucht ist zu allen Zeiten von einer gewissen Bedeutung gewesen.
Die Zuchtstätte in der Wesermarsch, angeblich bereits um 1550 gegründet, wurde 1840 aufgelöst. Ihr lebendes Inventar verteilte man zwischen Neuhaus und dem Gestüt Herrenhausen.
Von allen Vatertieren, die sich in der Zucht von Memsen und Neuhaus bisher betätigt hatten, machte sich vor allem Cavalier xx einen bleibenden Namen.

für die

Lohn- und Kost-Knechte

des

Königlichen Landgestüts zu Celle.

Es dient den Knechten Folgendes zur Nachachtung:

1.

Die Wartung und Pflege der Beschäler muß nach der hier gegebenen Anweisung, im Lande um so pünktlicher beobachtet werden, da während der Bedeckzeit die Verantwortung allein auf den Knechten ruhet und von ihnen gefordert wird.

2.

Jeder Knecht muß sich bemühen, die Natur, das Vermögen und Temperament des ihm anvertrauten Beschälers kennen zu lernen und ihn darnach überhaupt, so auch besonders beim Bedecken, behandeln.

3.

Beim Probiren und Bedecken ist diejenige Methode, wozu hier Anweisung gegeben worden, so viel wie möglich zn beobachten und man verlangt, daß die jungen Hengste, welche mit völligem Gehorsam ihre Bestimmung antreten, darin erhalten und befestigt werden.

4.

Zu diesem Ende wird befohlen: die Hengste täglich, und wo möglich früh Morgens vor der Bedeckung, im mäßigen Trabe bis zum gelinden Schweiß zu reiten, wodurch zugleich die mehrere Fruchtbarkeit bewirkt wird.

Es versteht sich, daß sie nachher gleich mit Stroh trocken gerieben und sonst gehörig geputzt werden.

5.

So oft die Beschäler getränkt werden, sollen mit einem Schwamme die Augen mit frischem Wasser mehrmals abgekühlt, auch der Schlauch gereinigt werden.

6.

Für gute, glatte und rauhe Fourage, hinlängliche Streuung, sowie auch für gute sichere Stallung muß der Knecht haften.

Fehlt daran etwas, so wird es dem Vorgesetzten am Orte angezeigt, und wenn solchem etwa nicht abgeholfen würde, darüber anhero berichtet.

Ob das Quartier für das folgende Jahr wieder zu beziehen steht, darüber wird bei der Rückkehr in Celle Anzeige gemacht.

7.

Bis 3 Himten Hafer wöchentlich, so auch 2 Himten schweres Korn während der ganzen Beschälzeit, wird zwar ferner jedem Beschäler erlaubt.

Es wird aber den Knechten zur Pflicht gemacht, nach Umständen hierin eine billige Ersparung zu machen und solche mit gebührender Treue der Rechnung zu Gute kommen zu lassen.

Alles Kleefüttern wird aber ein für allemal ernstlich untersagt.

— 4 —

von der Station, in jedem Jahre ordentlich einfordern und dann aufbewahren, und sind diese Scheine genau, pünktlich und gewissenhaft ausgestellt, ihnen unentgeldlich verabfolgen zu lassen; — unter keiner Bedingung und Vorwand aber sind nachträglich und wiederholt Scheine für verloren gegangene oder angeblich nicht erhaltene Scheine jemals auszustellen, eben so wenig ist auf den vorhandenen Scheinen etwas zu ändern erlaubt: es sind vielmehr die Züchter mit Gesuchen der Art stets an die Inspection des Landgestüts nach Celle zu verweisen.

21.

Die Bedeck-Register sind nach denen in Folge der Zeit darüber gegebenen Vorschriften, mit denen ein Jeder sich bekannt zu machen hat, ganz genau und treu auf Eid und Pflicht zu führen, da ein Jeder, was er in den Registern aufgeführt hat, erforderlichen Falls muß beschwören können. Es ist insonderheit auch in den Registern mit größter Genauigkeit und Pünktlichkeit zu bemerken, wenn eine Stute von einem andern Hengst nachgedeckt worden ist, nebst genauester Angabe des Tages, an welchem dieses geschehen ist, weil hierdurch die richtige Beurtheilung der Beschäler und die Sicherheit der Abstammung der Füllen bedingt ist.

22.

Ueber die Bedeckung der zu höheren Preisen deckenden Vollblut-Hengste wird auf die hierüber erlassene besondere Instruction vom 24. Februar 1836, welche auf das Genaueste zu befolgen ist, nachdrücklich verwiesen.

23.

Bei der Ankunft auf der Station melden sich die Stations-Vorsteher bei den Herren Beamten, und bitten um deren Unterstützung ihrer pflichtmäßigen Bemühungen.

Gebührende Achtung und Folgsamkeit gegen dieselben wird den Knechten nachdrücklich empfohlen. Der Abgang von der Station ist gleichfalls dem Amte zu melden und sind demselben dann die dazu bezeichneten Papiere zur Unterschrift vorzulegen.

24.

Acht Tage nach der Ankunft und nachgehends alle 4 Wochen wird nach dem gedruckten Formulare Rapport anhero erstattet, und gleich Anfangs wird der Privat-Beschäler erwähnt, die im Bedeck-Revier sich befinden.

25.

Endlich wird allen Knechten die treue Wahrnehmung ihrer Pflichten überhaupt, besonders aber ein sittliches, nüchternes Betragen, und vor allen Dingen Bescheidenheit gegen die Unterthanen empfohlen.

Bei dem bisherigen guten Betragen der Knechte macht man sich übrigens Hoffnung, daß keine Veranlassung zu Klagen, besonders über Untreue und Trunkfälligkeit gegeben werde, als welche man sofort mit äußerster Strenge durch Verabschiedung zu ahnden, eben so fest entschlossen ist, als man es sich zur ersten Pflicht machen wird, treue und thätige Knechte nach Möglichkeit zu einem bessern Glücke zu verhelfen, und ihnen alle sonstige Ermunterung im Dienste zu verschaffen.

Mit Genehmigung Königlicher Domainen-Cammer und Sr. Excellenz des Herrn Oberstallmeisters.

Celle, im Februar 1840.

Inspection des Königlichen Landgestüts.

F. Spörcken.

Noch heute hört man vereinzelt den Begriff «Hingstenknecht», der seitens der Betroffenen natürlich übel vermerkt wird. Er stammt aus dem vorigen Jahrhundert und galt, wie man hier sieht, als selbstverständlich. Offenbar hatte Friedrich v. Spörcken nach weniger guten Erfahrungen Veranlassung, bei dieser Gelegenheit hartumrissener Ordres ein bisheriges gutes Betragen zu konstatieren.

Deckstationen 1911

Man spricht leichthin oft nur von der Vollblut-Benutzung und vergißt dabei, daß in Hannover auch anderes Veredelungsblut zur Anwendung und Auswirkung gekommen ist. So hieße es, die Zeit um Dr. Grabensee in Celle falsch zu verstehen, wollte man den Einsatz des Trakehner Blutes (auch über ostpreußische, Graditzer und Beberbecker Hengste) oder die Auswirkung des Vollbluts in den Mutterstämmen gering bewerten oder außer acht lassen.

Der Hengstverteilungsplan für die Deckzeit 1911 gibt hier wertvolle Aufschlüsse, die gerade auch für den heutigen Tag geeignet sind, falsche Vorstellungen auszuräumen. 1911 verfügte Celle über nur 8 Vollblutbeschäler, aber gleichzeitig über 19 Trakehner in weitgefaßter Auslegung und über 1 Araber (Amurath I). 15 Hengste waren Vollblutsöhne, 25 Vollblutenkel in männlicher Linie, 6 hatten einen arabischen Vater, 32 stammten von Trakehnern, 71 von Trakehner Enkeln in männlicher Linie. Auf der Mutterseite sind ähnliche Verhältnisse festzustellen.

Während von den 8 Vollblütern nur Merman xx sehr geringfügig und Delphos xx begrenzt Aufnahme in den Stutenstämmen fanden, haben von den Trakehnern allein in dieser Besetzung vor allem Colorado und Sport bedeutende Hengstlinien geschaffen. Andermatt, Erlkönig und Morgenstern sind blutsmäßig unmittelbar an so namhaften Vererbern wie Candidat I, Flamm, Flußgold, Fontane, Alljeder, Allmers, Almarich, Fermor I–III, Friesenkönig, Chlodwig, Filmkönig, Falko II, Falkonier, Fix, Fliegerstern oder Forsch I–V beteiligt. Wie weitgehend der Trakehner Einfluß überdies in Hannover statthatte, soll hier nur an dem Beispiel Nelusko, dessen Vater Trakehner Abstammung war, und Alderman I, dessen Muttervater aus Ostpreußen nach Celle kam, angedeutet werden.

Auf fast allen Deckstationen des Jahres 1911 ergibt sich das Bild hoher Blutanteile bei einer verhältnismäßig großen Zahl der aufgestellten Beschäler. Des weiteren fällt auf, wie sehr die Verteilung nach Verwandtschaftsbeziehungen vorgenommen wurde. So finden sich hier drei Nelusko-Söhne, dort zwei Hengste v. Colorist auf einer Station. Vater und Sohn auf einer Deckstelle sind keine Seltenheit. Man kann deutlich ganz bewußt vorgenommene Komprimierungen nach Blut, Typ oder Farben erkennen. In Stedebergen beispielsweise stehen von fünf Hengsten drei mit Kingdom xx-Blut in erster bzw. zweiter Generation, darunter der berühmte Flingarth. Als Beispiel sollen hier vier

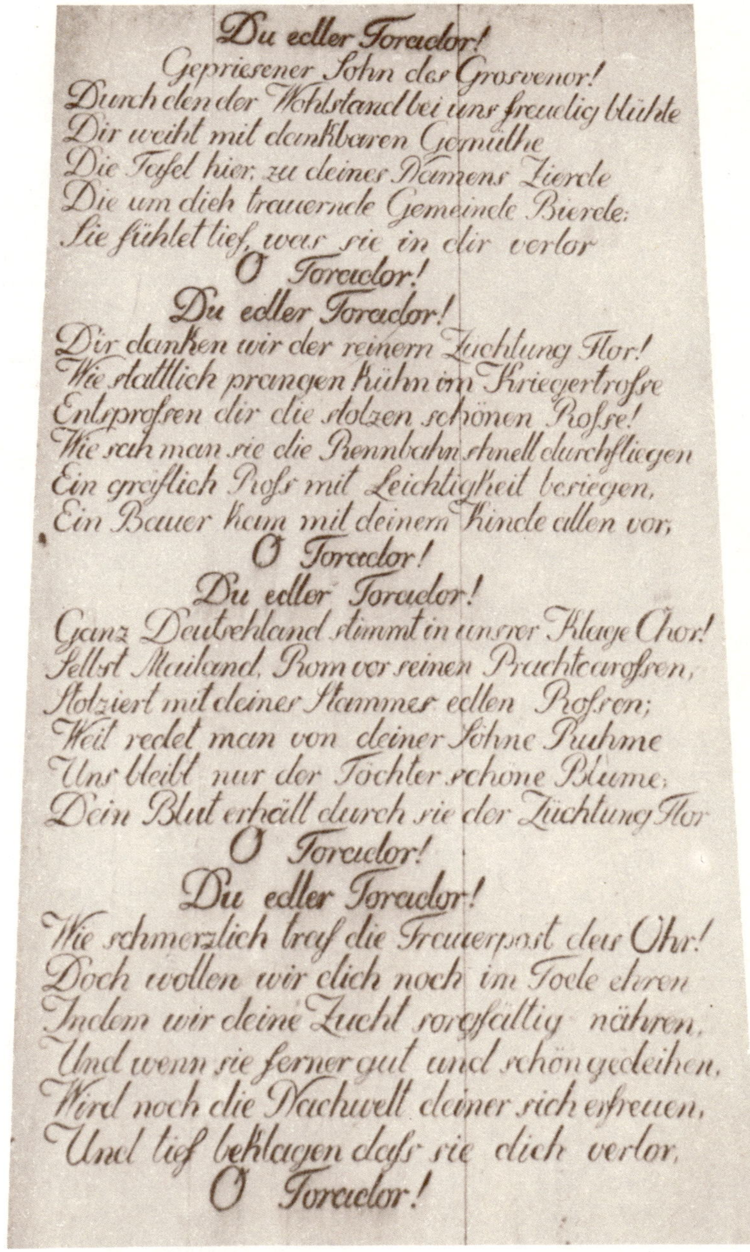

In Otersen, nahe der Gemeinde Bierde Kr. Fallingbostel, stand 1822–43 der aus Mecklenburg gekommene, 1816 geb. Celler Ldb. Torador v. Grosvenor xx. Seine Fohlen brachten viel Geld unter die Züchter, und sie dankten ihm mit einer heute noch gepflegten hölzernen Gedenktafel.

berühmte Deckstationen vorgestellt werden: Altenbruch, Drochtersen, Oiste und Otersen. Alle Hengste Trakehner Abstammung (Trakehnen, Ostpreußen, Beberbeck und Graditz) gehen unter dem Sammelbegriff Trakehnen. Eine Klammer um diesen Begriff oder um xx bedeutet Sohn eines Trakehners bzw. Vollblüters.

Nur für kurze Zeit residierten diese beiden Ldstm. in Celle: Julius v. Schlütter (links), 1825 in Stade geb., Rittm. bei der Garde du corps, kam um 1860 als Adj. Friedrich v. Spörckens in das Ldg., wurde 1863 Ldstm. und übernahm 1866 die Leitung. 1868, als «Welfe» verdächtig, wurde er nach Beberbeck versetzt, wo er aber nicht antrat. Dafür übernahm er 1874 das pomm. Ldg. Labes.

Auf v. Unger folgte Christian Frhr. v. Stenglin, 1843 in Beekendorf Amt Boizenburg (Meckl.) geb., Großvater des heutigen Celler Ldstm. 1885 kam er als Bereiter in das Ldg. Celle und wurde hier ein Jahr später Marstallvorsteher. 1889 Gestüt-Dir. in Neustadt (Dosse). 1891 kehrte er als Ldstm. nach Celle zurück, ging aber ein halbes Jahr später nach Mecklenburg, um dort als OLdstm. das Ldg. Redefin zu übernehmen.

Auf der Deckstation *Altenbruch* wurde das Blut des Neckar komprimiert. Auch sonst war das Trakehner Blut hier stark vertreten.

Pathos, B.,	v. Habenichts	xx
161/170, xx	M. v. Springfield	xx
Nelusko, F.,	v. Neckar	Trak.
165/175 (Trak.)	M. v. Fiesco II	
	MM. v. Augur II	Trak.
Nearchos, F.,	v. Nelusko	(Trak.)
171/181	M. v. Lavater	Trak.
	MM. v. Flenheim	
Neon, F.,	v. Nelusko	(Trak.)
157/166	M. v. Kreon	xx
	MM. v. Güstrow	
Erlkönig, db.,	v. Erdgeist	Trak.
166/175, Trak.	M. v. Halm	Trak.
	MM. v. Komet	Trak.
Morgenstern, F.,	v. Morgengruß	Trak.
168/178, Trak.	M. v. Glückauf	Trak.
	MM. v. Lahire	Trak.
Gescher, F.,	v. Gessler	Trak.
170/180	M. v. Schwabenstreich	
	MM. v. Agent	
Nordruff, db.,	v. Nordgraf	
169/179	M. v. Amtmann	
	MM. v. Neckar	Trak.
Notabene, B.,	v. Notar	
170/180	M. v. Piccolomini	xx
	MM. v. Schlütter	
Orow, db.,	v. Optimist	(Trak.)
167/169	M. v. Güstrow	
	MM v. Nord	
Welser, F.,	v. Wels	
167/175	M. v. Adeptus	xx
	MM. v. Julianus	
Amyntor, B.,	v. Amtmann	
166/176	M. v. Adjutor	(xx)
	MM.* v. Fiesco II	
	* Vollschw. zu Nelusko	

Auch in *Drochtersen* findet sich eine erhebliche Anhäufung von Spezialblut.

Chauffeur, F.,	v. Alconbury	xx
163/173, xx	M. v. Janissary	xx
	MM. v. Craig Millar	xx
Alnok, F.,	v. Adeptus	xx
166/177, xx	M. v. Nord	
	MM. v. Alliwall	(Engl.)

Altheo, R.,	v. Alnok	(xx)
170/178	M. v. Theorist	xx
	MM. v. Julius	
Ampfing, Sch.,	v. Amurath I	(ox)
166/177 (arab.)	M. v. Orontes	
	MM. v. Nording	
Goldsohn, F.,	v. Goldschaum	xx
166/176 (xx)	M. v. Julius	
	MM. v. Zampa	
Lorval, db.,	v. Lorbeer	Trak.
170/180 (Trak.)	M. v. Norval	
	MM. v. Kuba	(xx)
Commandeur, R.,	v. Comet	Trak.
165/175 (Trak.)	M. v. Xerxes	
	MM. v. Süd	
Ordensritter, B.,	v. Eldo	Trak.
173/181, Trak.	M. v. Bachus	Trak.
Cronhelm, B.,	v. Colorist	(Trak.)
165/173	M. v. Anselm	Trak.
	MM. v. Schlucker	
Nelus II, F.,	v. Nelusko	(Trak.)
169/179	M. v. Flenheim	
	MM. v. Jugurtha	
Jarl, hb.,	v. Jaski	
169/175	M. v. Y. Norfolk	
	MM. v. Liprandi	xx

In *Oiste* fällt die starke Komprimierung des Kingdom xx-Blutes besonders auf.

Colorado, R.,	v. Optimus	Trak.
158/168, Trak.	M. v. Chamant	xx
	MM. v. Cowden	xx
Amurath I, Sch.,	v. Amurath	ox
160/170 (ox)	M. v. Gidran XXIV	arab.
	MM. v. Shagya II	arab.
Kirkland, B.,	v. King	(xx)
166/176	M. v. Nordland	
	MM. v. Uncas	Trak.
Königsgast, R.,	v. King	(xx)
169/179	M. v. Alago	
	MM. v. Gast	

Königskind, schwb.,	v. Kirkland (v. King)	
167/178	M. v. Königsleutnant	
	MM. v. Colorado	Trak.
Kadick I, F.,	v. Khedive (v. King)	
167/176	M. v. Nadick	
	MM. v. Kingdom	xx
Angelo, F.,	v. Adeptus	xx
170/180	M. v. Güstrow	
	MM. v. Nord	
Agni, hb.,	v. Agnat	Trak.
165/175 (Trak.)	M. v. Colani	(Trak.)
	MM. v. Adeptus	xx

Die Deckstelle *Otersen* war sogar ausschließlich mit Spezialhengsten besetzt.

Merman, F.,	v. Grand Flaneur	xx
165/172, xx	M. v. Rosicrucian	xx
Sport, F.,	v. General	xx
168/177, Trak.	M. v. Veteran	Trak.
	MM. v. Engelhard	Trak.
Prinz Optimus, R.,	v. Optimus	Trak.
166/175, Trak.	M. v. Tunnel	Trak.
	MM. v. Vorwärts	Trak.
Amur, Sch.,	v. Amurath I	(ox)
167/175 (arab.)	M. v. King	(xx)
	MM. v. Master Willi	xx
Basalt, B.,	v. Baltik	Trak.
169/179, Trak.	M. v. Pommery	Trak.
	MM. v. Halm	Trak.

Nicht weniger als 66 Rapphengste besaß Celle zu dieser Zeit. Oft finden sich zwei, bisweilen drei auf einer Station. Füchse waren in der Minderzahl im Bestand. Die Schimmel konnte man fast an einer Hand abzählen. In Bremervörde standen beispielsweise drei Rappen, zwei Dunkelbraune, zwei Braune, ein Fuchs. In Neuenfelde bei Hamburg zwei Rappen, ein Dunkelbrauner, zwei Braune, ein Fuchs.
Zu dieser Zeit zeigten sich die beiden aus Mecklenburg kommenden Blutlinien des Jason und des Goldschläger I (heute Goldfisch II, Grande, Gotthard) am züchterischen Horizont.

Die ersten Hengstvorführungen

Der hier erwähnte berühmte Adeptus xx, geb. Herrenhausen 1880 v. Admis u. Liane v. Blenheim (Gemälde von E. Volkers).

Als Vorläufer der späteren Hengstparaden, wie sie unter Dr. Grabensee erstmalig inszeniert wurden, fanden seit vielen Jahrzehnten von Zeit zu Zeit einfache Hengstvorführungen in Celle statt.

Eine seltene Anhäufung zuchtprägender Vererber fiel mit der Amtstätigkeit des Landstallmeisters Friedrich v. Unger zusammen.

Es war im Jahr 1889, an einem Herbsttag zu fortgeschrittener Vormittagsstunde. Einer mehrfach durch Herrn v. Unger ausgesprochenen Einladung, die Beschäler des Landgestüts zu besichtigen, hatten schließlich die Herren der Landwirtschafts-Gesellschaft zusammen mit höheren Beamten des Ministeriums Folge geleistet.

Auf ein Zeichen des Landstallmeisters nahmen die Vorführungen ihren Anfang.

Ein älterer Oberwärter – aus dem Hintergrund mit langer Programmliste waltend – ließ zuerst den hochvornehmen Nordlicht (v. Norfolk – Y. Confederate xx – Sampson xx – Hazard) ablaufen. Ein starker, ausdrucksvoller Beschäler, der mit erhobenem Schweif in langen Tritten heranschwebte. Als der Hengst die verhaltende Parade angenommen hatte, die ihn zur Aufstellung bewog, wuchs er plötzlich in eindrucksvoller Haltung und jagte mit erschreckender Vehemenz einen Luftstoß durch die Nüstern, daß die feierlich Versammelten in jäher Bewegung einen Schritt zurücktraten, um sich aber sogleich in betont überlegenem Lächeln ihrer gänzlichen Unerschrockenheit gegenseitig zu versichern.

Schon gelassener betrat der im Hofgestüt Herrenhausen gezogene 23jährige Nord – einflußreichster Sohn seines Vaters Norfolk – den Ring und demonstrierte in schönliniger Silhouette den erstrebten Begriff von Adel mit Masse.

Dann erschien Schlütter, als zweiter Blutlinienbegründer nach Norfolk, 22jährig und ein Jahr vor seinem Tode. Sehr groß und sehr stark, derb, langlinig, aber voller Charakter.

Etwas bullig in seinen Manieren folgte seinem Vater der riesengroße und gemeine Schlucker. Der Hengst war wie der Schlütter-Sohn Julius als Saugfüllen nach Mecklenburg an einen Aufzüchter verkauft worden und wurde von dort als Landbeschäler nach Celle zurückerworben. Eine Maßnahme, die sich neben der bedeutungsvollen Arbeit des Hofgestüts Herrenhausen in zunehmendem Maße einbürgerte und zu den besten Erfolgen führte.

Mit Julius gelangte einer der schwersten Vertreter des Gestüts zur Vorführung. Weniger schön, aber sehr wuchtig und wirtschaftlich praktisch, verkörperte er den Typ des stärksten Wirtschaftspferdes, wie dieses mehr und mehr gefordert wurde. Ein erheblicher Mangel an Adel, Ausdruck und Gang ließ erkennen, daß auf ausgleichende Paarungen Rücksicht genommen werden mußte.

Von geradezu monumentaler Wirkung war Flenheim (v. Flick u. Blüthe v. Blenheim xx). Im Typ eines vornehmen, starken Karossiers trat er die lange Stallwand herunter, immer schöner werdend im langen Raumgriff seiner schwungvollen Bewegungen. Durch die Üppigkeit seiner Muskulatur und die Harmonie seiner Formen bestechend, näherte sich der englische Vollblüter

Kingdom. Ein Beschäler, dessen Bedeutung schon in seiner bloßen Erscheinung deutlich wurde.
Als letzter vor der Vorführungspause betrat etwas aufgeregt und heftig, selten den Takt in der Trittfolge richtig bestimmend, der Herrenhausener Adeptus xx die Führbahn. Seine Schönheit, sein bedeutender Rahmen und seine ausgeprägt guten Gelenke begeisterten die Zuschauer gleichermaßen wie sein Nerv und die Ausdrucksplastik seiner Formen. Man mochte seine große Bedeutung für die Landeszucht ahnen; daß er dereinst aber die neben Flick größte Blutlinie in Hannover begründen würde, wußte man natürlich noch nicht.
Sein späterer Stammhalter, Alnok, war an diesem Tage ein Jahr alt. King, Kingdoms bester Sohn, wurde ein Jahr später geboren, und Flingarth, der zukünftige Verbreiter des Flenheim-Blutes, kam erst 1906 auf die Welt. Devil's own xx, der Begründer der Detektiv-Linie, genoß – zweijährig – in England noch die Weide zu dieser Zeit.

Vorführungskataloge waren billig. 1 000 gedruckte Exemplare, davon 200 mit blauem Umschlag, einschließl. von 3 Plakaten, eins davon auf Pappe gezogen, kosteten nur 108 M (1906). – Der Zehnerzug: ein Clou des Ldg. kurz vor dem Ersten Weltkrieg.

CELLE, den 26. Januar 1906.

...graph. Arbeiten. RECHNUNG Paginier-Anstalt.

Königliches Landgestüt hierselbst

von

W. STRÖHER, BUCHDRUCKEREI

Rundestraße No. 10.

24.	An 1000 Vorführungslisten, 20 Seiten Okt., davon 200 mit bl. Umschlag, geh.	M.	105 –
	3 Plakate, davon eins auf Pappe gezogen		3 –
		Sa. M.	108 –

Einhundertacht Mark — Pfg.

von der Königlichen Landgestütkasse zu Celle

erhalten zu haben, bescheinigt

Celle, den 30. Januar 1906.

W. Ströher

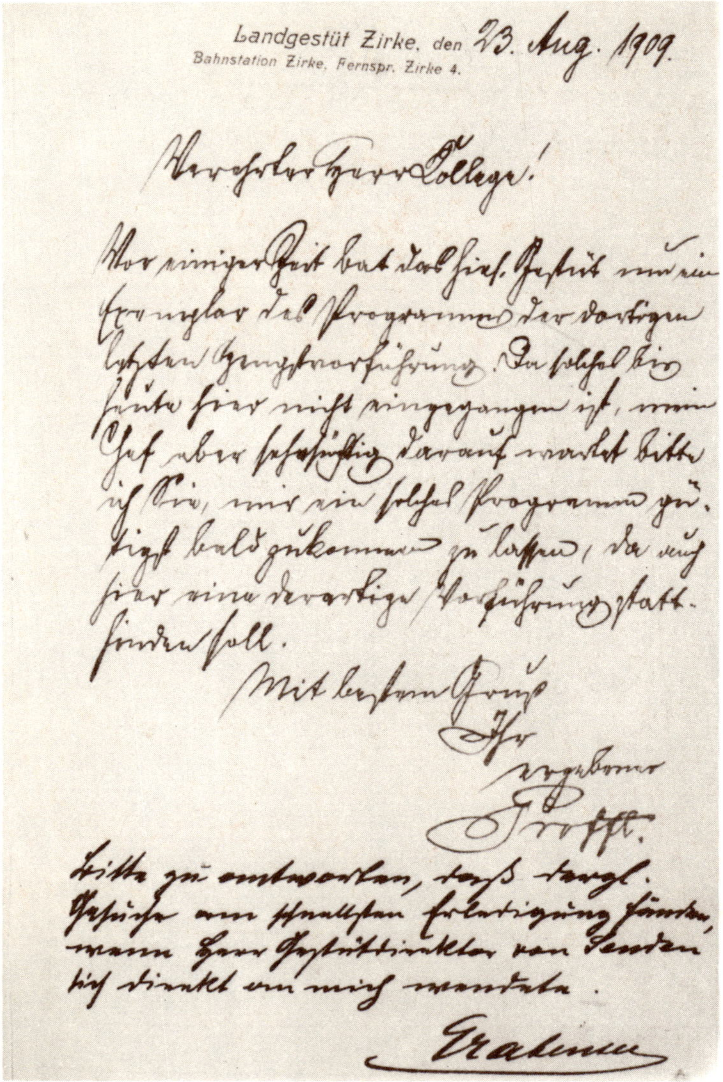

Landgestüt Zirke, den 23. Aug. 1909.
Bahnstation Zirke, Fernspr. Zirke 4.

Verehrter Herr Kollege!

Vor einiger Zeit hat das hies. Gestüt ... ein Exemplar des Programms der dortigen letzten Hengstvorführung. Da dasselbe die ... hier nicht eingegangen ist, mein Chef aber ... darauf wartet, bitte ich Sie, mir ein solches Programm ... baldigst zukommen zu lassen, da auch hier eine derartige Vorführung stattfinden soll.

Mit besten Gruß
Ihr
ergebener
...

Bitte zu antworten, daß dergl. ...

Grabensee

Ldstm. Dr. Grabensee (in der Kgl. Ldstm.-Uniform) konnte seinem Nachfolger, Gf. Kalnein, 367 Hengste in Celle übergeben. Er hatte nach 23 Dienstjahren seine Zuchtzielvorstellung «Masse mit Adel» wahrgemacht. Sein Schriftwechsel, der vielfach erhalten ist (links eine Anweisung zur Beantwortung eines an ihn gerichteten Schreibens), ist nicht zuletzt durch Präzision auch in Zuständigkeiten gekennzeichnet.

In alten Akten ist ein ausführlicher Briefwechsel zwischen Landstallmeister v. Unger und dem Vorsitzenden der Prämiierungskommission, Werner Frhr. v. Spörcken-Lüdersburg, erhalten. Hier v. Unger an v. Spörcken:

«Verehrtester
Im Begriff nach Hannover zu fahren um meine, aus der Schweiz zurückkehrenden Söhne in Empfang zu nehmen, und mit ihnen gleich auf Pferdekauf auszugehen, theile ich Ihnen nur kurz mit . . .»

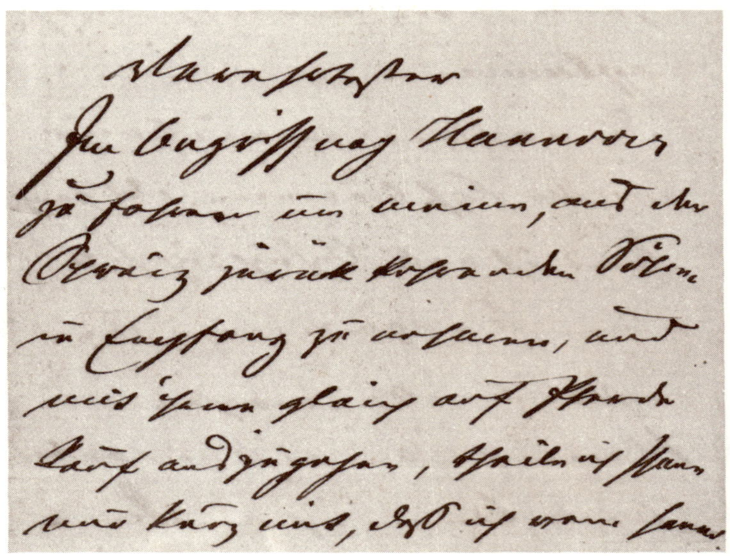

Verehrtester
Im Begriff nach Hannover
zu fahren um meine, aus der
Schweiz zurückkehrenden Söhne
in Empfang zu nehmen, und
mit ihnen gleich auf Pferde
kauf auszugehen, theile ich Ihnen
nur kurz mit, daß ich ...

Im Wechsel zwischen Krieg und Frieden

Von der Kriegsfront abberufen, übernahm 1915 Hans Georg Gf. v. Kalnein das Ldg.; 1877 in Kilgis Kr. Preuß. Eylau (Ostpr.) geb., Leibhusar, Leiter des Ldg. Braunsberg, Mitarb. im Preuß. Landwirtschaftsministerium. Seit 1927 Leiter des Hptg. Graditz.

Sein Nachfolger, Theodor Korndorff, wurde 1877 in Leopoldshall (Anhalt) geb.; Ulan, Adj. des Militär-Reitinstituts Hannover, Förderer der ländl. Reit- und Fahrvereine, Leiter des Ldg. Osnabrück.

Hans Georg Gf. v. Kalnein
1915 bis 1927

Theodor Korndorff
1927 bis 1945

Berühmte Aktionstraber des Ldg. begeisterten damals die Öffentlichkeit, wie hier Alary III, B., geb. Hann. 1913 v. Aland (v. Alnok, v. Adeptus xx) – Isary – Janus II (plakatiert von W. Westerop, im Hintergrund das hzgl. Celler Schloß).

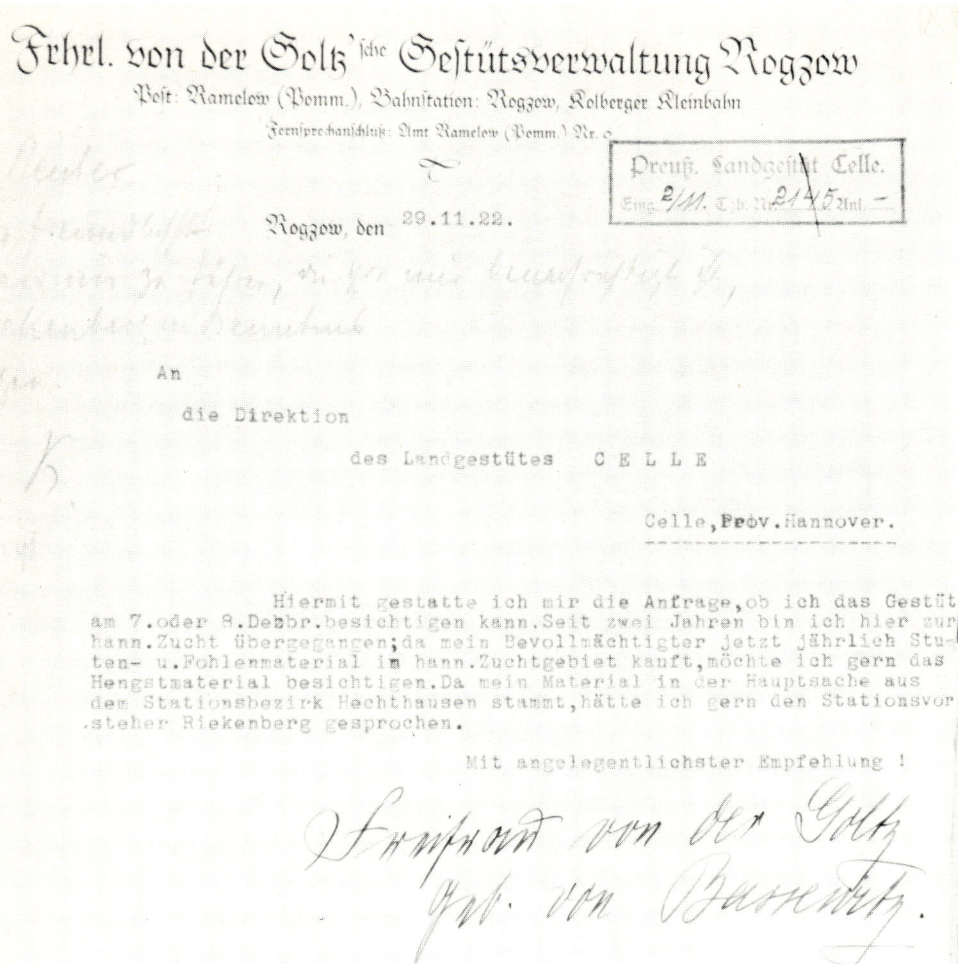
Frhrl. von der Goltz'sche Gestütsverwaltung Roggow

Post: Ramelow (Pomm.), Bahnstation: Roggow, Kolberger Kleinbahn

Fernsprechanschluß: Amt Ramelow (Pomm.) Nr. 6

Preuß. Landgestüt Celle.
Eing. 2/11. Tgb. Nr. 2145 Anl. –

Roggow, den 29.11.22.

An

die Direktion

des Landgestütes CELLE

Celle, Prov. Hannover.

Hiermit gestatte ich mir die Anfrage, ob ich das Gestüt am 7. oder 8. Dezbr. besichtigen kann. Seit zwei Jahren bin ich hier zur hann. Zucht übergegangen; da mein Bevollmächtigter jetzt jährlich Stuten- u. Fohlenmaterial im hann. Zuchtgebiet kauft, möchte ich gern das Hengstmaterial besichtigen. Da mein Material in der Hauptsache aus dem Stationsbezirk Hechthausen stammt, hätte ich gern den Stationsvorsteher Riekenberg gesprochen.

Mit angelegentlichster Empfehlung!

Freifrau von der Goltz

Dieses Dokument ist ein Beispiel für das Interesse, das der hann. Zucht von außerhalb zunehmend entgegengebracht wurde. Ldstm. Gf. Kalnein vermerkte am Rande des Schreibens, daß er die Baronin leider nicht selbst führen könne.

In die Amtszeit des Landstallmeisters Graf Kalnein fällt die Gründung des Verbandes hannoverscher Warmblutzüchter. Der spätere Geschäftsführer, Dr. Arnold Schlie, kommentierte dieses Ereignis: «Während im allgemeinen Tierzuchten auf breiterer Grundlage erst duch die Bildung von Züchterzusammenschlüssen vorangetrieben und zur Blüte gebracht werden, ist die Entwicklung in der hannoverschen Warmblutzucht gerade umgekehrt gewesen.

Die Gründung des ‹Hannoverschen Stutbuches› erfolgte erst rund 150 Jahre nach der Errichtung des Landgestüts Celle. Der Zusammenschluß der hannoverschen Züchterschaft im ‹Verband hannoverscher Warmblutzüchter› geschah sogar erst 1922, und damit ergibt sich die widersinnig erscheinende Tatsache, daß die älteste, systematisch betriebene Tierzucht Hannovers wohl den jüngsten Züchterverband hat.

Wie ist das zu erklären? Ganz einfach so, daß die erste Aufgabe jedes Zuchtverbandes, nämlich die Registrierung aller Zuchtvorgänge, seit Gründung des Landgestüts Celle in einer Weise und mit einer Genauigkeit geschah, die allen Ansprüchen gerecht wurde. Erst als man neben der Einstellung geeigneter Hengste auch die Auswahl der Stuten nach ihrem Exterieur und deren Registrierung für erforderlich hielt, wurde das Stutbuch gegründet.

Der Zusammenschluß der Züchter im Verbund hannoverscher Warmblutzüchter schließlich sollte die wirtschaftliche Grundlage für eine einheitliche züchterische Bearbeitung und Auswertung der erfaßten und zu erfassenden Zuchtvorgänge bilden und zugleich den Absatz fördern. Ein Außenstehender könnte den Eindruck haben, die Organisation der hannoverschen Warmblutzucht sei der züchterischen Entwicklung nachgehinkt. Aber das wäre ein Fehlschluß. [. . .]

Es ist schon sehr lange her, seit der Herzog von Villa Hermosa 1675 dem Feldmarschall von Podevills seine Bewunderung über die hannoversche Kavallerie aussprach und damit das erste verbürgte Zeugnis über die hannoversche Zucht abgab. Leider läßt es sich aber nicht leugnen, daß auch die Gründe für das staatliche Interesse an der Pferdezucht zur Zeit der Errichtung des Celler Landgestüts im Jahre 1735 hauptsächlich militärische waren.

Diese Tatsache darf hier aber selbst heute unbeschönigte Erwähnung finden; der Gründer, Georg II., Kurfürst von Hannover, war nämlich gleichzeitig englischer König.

Da er sein Ziel nur dadurch erreichen konnte, daß er den züchtenden Bauern gute Landbeschäler zur Verfügung stellte, leistete er zugleich und wohl auch mit Absicht einen sehr wesentlichen Beitrag zur Förderung der Landwirtschaft.

Seitdem, also seit über 200 Jahren, stellen die staatlichen Gestütwärter Fohlenscheine aus und führen genaue Deck- und Fohlenregister, beraten wohl auch schon ebenso lange die Züchter.»

Weitere bleibende Blutlinien kommen zum Zuge

Lange Zeit dritte Blutlinie neben den großen Linien des Flick und des Adeptus xx war jene des Devil's own xx, der durch Detektiv weite Verbreitung fand. Detektiv selbst verkörperte schon mehr das Reitpferd. Seine Nachkommen konnten sich elegant und ausdrucksvoll bewegen bis hin zu Duellant und vielen seiner Kinder und Enkel, unter denen sich drei Olympiasieger befanden, Doublette, Dux und Donald Rex, der auf dem Springsektor zu Hause war. Detektiv lieferte ein so gutes Springpferd wie Oberst, das unter Hans-Heinrich Brinckmann das Format eines Nationenpferdes hatte. Erwähnung verdient auch der Detektiv-Sohn Dwinger, der vorzügliche Mutterstuten brachte (auch die Mutter des Lukas) und in Diskant einen kalibrigen Vererber stellte, der heute durch Disput vertreten ist.

Heute hat diese Blutlinie ihre früheren größeren Partnerinnen teils überflügelt, teils erreicht, und über Diplomat, Duft II und Domspatz, die heute einen internationalen Ruf genießen, dürfte ihre Stabilität nicht gefährdet sein.
Die Bedeutung der Adeptus xx-Linie ist erheblich zurückgegangen. Vermutlich wird sie sich vornehmlich im Zweige des Ast halten, dessen heutige Nachfahren über Eindruck II in der Zucht stehen. Von ihnen vertritt Einhorn noch den eigentlichen Typ, während der hochedle und bildschöne Einblick in erster Linie durch die mütterliche Spezialblutführung beeinflußt ist. Nicht uninteressant ist vielleicht auch

Der Devil's own xx-Urenkel Desmond, R., 166 cm, geb. Hann. 1909 v. Defregger (v. Defilant, oben), brachte in Detektiv den Stammhalter der D-Linie.

Detektiv, F., 162 cm, geb. Hann. 1922 v. Desmond u. Kalabaka v. Khedive (v. King) – Cornelius (v. Colorado, Beberbeck); 38 Söhne, 230 Stb.-Töchter.

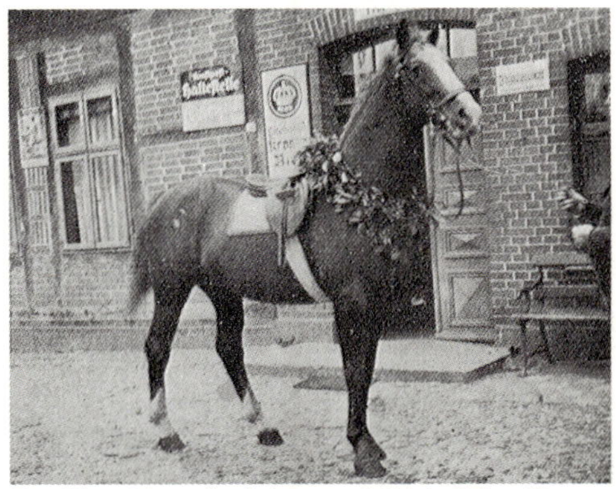

Das King-Blut erlosch in männl. Linie. Hier Kinos v. King bei seiner 20. Wiederkehr in Brackede.

Dolman
Duellant — Dollart
Duft I — Duft II — Durban
Dömitz I
Diplomat — (Donald Rex)
Domspatz — Dominik
Darling + Dirk
Don Carlos

Von der heutigen D-Verzweigung sind hier die wichtigsten Hengste herausgestellt.

Alkoven I (links) wurde bekannt durch zahlreiche hochwertige Mutterstuten (273) und seine Söhne Abendsport (unten links) und Agram (unten). Abendsport ist in männl. Linie erloschen, Agram (a. d. Akkerkind v. Amateur I) war der erste große Springvererber der hann. Zucht ‹am laufenden Band›. Ein weiterer Zweig der Adeptus xx-Linie war in neuerer Zeit der von Almjäger I, außerdem gibt es noch die Gruppen des Ast und des Athos, auf die die Söhne des Eindruck II bzw. des Einglas zurückgehen.

Eger I, II — Efendi

Emir v. Ernö, der bislang begehrenswerte Reitpferde brachte.
Die Einglas-Söhne (Athos-Zweig) Eisenherz I und II sowie Emigrant und Einhard sind gleichfalls nicht chancenlos. Sie stehen aber noch nicht lange in der Zucht.
Während die Adeptus xx-Linie vor allem in Kehdingen entwickelt wurde und die Flick-Linie, über Lüneburg kommend, im Verdener Raum ihre entscheidende Verbreitung erfuhr, hatte die D-Linie im Verdenschen und Lüneburgischen ihre Wiege, und das seit geraumer Zeit wieder zunehmende Goldfisch II-Blut verdankt dem Lüneburger Raum seine Verzweigung. So treten immer wieder Lüneburg und Verden als wesentliche Quellgebiete für die hannoversche Zucht hervor.
Das Gold-Blut kam aus Mecklenburg mit dem Goldschaum xx-Enkel Goldschläger I nach Hannover und brachte in Kehdingen Goldammer II. Heute basiert diese Linie auf Goldfisch II, dessen Sohn Gott-

Goldammer II, Df., 164 cm, geb. Hann. 1919 v. Goldschläger I u. Antille v. Alderman I – Lorval. 27 Beschäler, 165 Stb.-Töchter aus seiner Tätigkeit in Hohnstorf.

Goldfisch II, R., 169 cm, geb. Hann. 1935 v. Goldammer II u. Flugamme v. Flugfeuer II – Ammer. 12 Beschäler, 197 Stb.-Töchter. Nachk.-Gew.-Summe 67 996 DM.

Grande, F., 162 cm, geb. Hann. 1958 v. Graf (v. Goldfisch II) u. Duellfest v. Duellant (insges. 16 Generationen). Eine Reihe vielversprechender Hengstsöhne stehen in Celle.

▼
Graf | Goldfalk | Gotthard
▼ Grande
→ Goldmann ▼ Gong

Gotthard (unten), Sch., 166 cm, geb. Hann. 1949 v. Goldfisch II u. Ampa v. Amateur I, mit 28 J. 1977 wieder auf Deckstelle, als Vererber spät erkannt. Bisher rd. 0,5 Mio. Nachk.-Gew.-Summe.

Amateur I besitzt in Züchterkreisen einen hohen Ruf. Er wurde 1922 v. Amulett (v. Amurath I) u. Alcansa v. Alcantara I gez. und ein hervorragender Stutenmacher (240) in Großenwörden. Agram und Gotthard, auch Persö, haben Amateur-Mütter.

Seit 1922 verfügt das Ldg. Celle über eine eigene Hengstaufzucht in Hunnesrück an den Ausläufern des Solling bei Einbeck. Hierdurch ist eine gewisse Unabhängigkeit von der Entwicklung der privaten Hengstaufzucht gewährleistet.

hard mit Hengstnachkommen ebenso zur Verankerung dieses Blutes beiträgt wie der Goldfisch II-Enkel Grande. Und über den Enkel Gong sind die noch jüngeren Vererber Götz und Gigant von Interesse. Überwiegend sind dies alles harte, fast ausnahmslos springmäßig hochbegabte Pferde. Grande stellte in Montreal 1976 drei Olympiateilnehmer.

Zucht und Leistung gingen erstmalig nach dem Ersten Weltkrieg Hand in Hand. Es muß unendlicher Energie bedurft haben, ausgerechnet in den wirtschaftlich aufs äußerste angespannten Jahren 1921 und 1928 die Einrichtung der Staatlichen Hengstaufzucht in Hunnesrück und die Inbetriebnahme der Hengstleistungs-Prüfungsanstalt in Westercelle durchgesetzt zu haben. Beide Einrichtungen haben sich segensreich ausgewirkt und sind heute aus dem Konzept der Landespferdezucht Hannover nicht mehr fortzudenken.

In Remonteämtern wurden auch die im hann. Zuchtgebiet rekrutierten Militärpferde für ein Jahr zusammengezogen und ‹kultiviert› bevor sie auf die Regimenter verteilt wurden. Später erweiterten sich diese Institutionen zu Remonteschulen, z. B. in Mecklenhorst bei Neustadt am Rübenberge und in Soltau.

Im Turniersport glänzten damals besonders zwei Amazonen, (oben links) Irmgard v. Opel (Nanuk, Graditz) und Käthe Franke (Arnim, Hann.), hier bei einem Paarspringen.

1928 wurde der frühere «Hannoversche Stall» in Westercelle vom Ldg. Celle übernommen und als Hengstleistungs-Prüfungsanstalt in Betrieb genommen.

Zucht und Leistung

Die ländl. Reiterei wurde organisiert in Vereinen, Kreis-, Bezirks- und Landesverbänden mit eigenen Standarten und Wanderstandarten (oben) aus überregionalen Wettkämpfen. Gustav Rau, der spätere OLdstm. und Präs. der FN und des DOKR, war der Motor dieser Entwicklung.

Draufgänger (Hann.) v. Aldech unter Friedrich-Karl Frhr. v. Langen-Parow, Olympiasieger im Grand Prix zu Amsterdam 1928. Der Baron hatte gleich nach dem Kriege mit einem Sieg auf Hanko in der Schweiz die dt. Fahne hochgehen lassen («Reitet für Deutschland»).

Wie in Notzeiten so oft, hatten Pferdezucht und Reiterei auch nach dem Ersten Weltkrieg besondere Anstrengungen unternommen. Hierbei ist der ländlichen Reiterei vieles zu danken. Gustav Rau hatte im ganzen Reich diese Bewegung organisiert und sie ständig zu intensiver Betätigung herausgefordert. Sternritte, Landeswettkämpfe und Reichswettkämpfe hielten die Reiterei auf breitester Basis aktiv. Einzelne Zivilreiter, vor allem aber die Kavallerieschule Hannover, trugen und forcierten den großen Sport und warben dadurch zugleich für die deutschen Landespferdezuchten.

Die Olympischen Spiele 1928 in Amsterdam brachten der deutschen Reiterei und der hannoverschen Zucht den ersten olympischen Sieg überhaupt: Freiherr v. Langen gewann auf Draufgänger v. Aldech (v. Alnok) die Dressur-Goldmedaille. Acht Jahre später gehörte der Hannoveraner Alchimist v. Amalfi (v. Amurath I) bei den Olympischen Spielen in Berlin zur Goldequipe im olympischen Springen.

Oben links: Sieger im Reichswettkampf 1926 in Dortmund wurde die Mannschaft Hannovers: (von links) Meyer, Wehrenberg, Beckmann, Bunke, Logemann, Schlatermund, Winkelmann.

Drei hann. Leistungspferde, (von links) Leopard v. Butcher Bird xx u. Farga v. Feuerkönig; Quadrant v. Körner u. Amurfli v. Amurath III; Laura v. Butcher Bird xx u. Noponda v. Nelidow.

Militarysieger in Potsdam 1934: Kirkland-Enkel (Hann.) unter Major v. Busse. Zu den Spitzenpferden der damaligen Military-Entscheidungen gehörte auch der Hannoveraner Leopard (v. Butcher Bird xx).

Zu den ganz Großen des Springsports zählte in den 20er Jahren der hann. Fw. Derby (v. Island) unter Oblt. Ernst Hasse, Kav.-Schule Hannover.

1935 – Zwei Jahrhunderte Landgestüt Celle und hannover Landespferdezucht

Der Aktionstraber Marschall, schwb., 168 cm, geb. Hann. v. Marocco (Ostpr.) u. Schalome v. Schwabenstreich – Lorval, stellte an Trabmechanik alle vierbeinigen Zeitgenossen weit und breit in den Schatten.

Unter den Ehrengästen: (oben rechts, von links) OLdstm. Groscurth, Chef der Preuß. Gestütverwaltung, und Dr. Steiger, preuß. Min. für Landwirtschaft und Forsten.

Keine Gelegenheit wurde versäumt, das günstige Temperament des Hannoveraners herauszustellen. Oben rechts (Mitte) Dürer I v. Dünenwald mit Gestütw. Dröscher in der Freiheitsdressur, daneben 3j. Hengste der Prüfungsanstalt bei Gehorsamsübungen.

Seite 73 unten: Der Fahrsport in Celle ist zu allen Zeiten durch wirkliche Meister getragen worden. Mehrspänner bis zum Dreizehnerzug (Gestütw. Meyer XIII) gehören seit Grabensees Zeiten zum jährl. Schauprogramm.

Die größte Not der Landwirtschaft, und damit der Pferdezucht, war überwunden, als 1935 bei dichtgedrängten Zuschauerrängen die Jubiläumshengstparade in Celle über die Bühne ging. Aus den züchterischen Vorführungen war endgültig die große Schau geworden, die nicht nur ländliche Kreise, sondern auch die Bevölkerung der Städte von weither in ihren Bann zog. Der von zwei Ställen und der Reithalle eingefaßte Gestüthof bietet mit seinem großen Rasenrondell, das von einer befestigten Bahn umrundet wird, das Bild eines Theaterbaus im Freien mit hohen Tribünen auf allen vier Seiten. Landstallmeister Korndorff empfing damals im Zylinder die

Die Wirtschaft verlangte zugsichere, großrahmige und substanziierte Wagen- und Arbeitspferde. Dies wurde auch auf den Hengstparaden demonstriert. Alpenflug II (oben) v. Alderman I und Floral v. Flavius im schweren Zug, vier Amurath-Nachkommen (rechts) in Kutschanspannung.

Ehrengäste, und auch sein Gestütassistent Max Wiehler hatte sich in gebührende Feierlichkeit versetzt.
Der berühmte Feiner Kerl (16) paradierte an der Hand, unzählige Söhne im Gefolge. Goldfisch I, der ältere Vollbruder des Berühmteren, aber späterer Vater des Olympia-Militarypferdes Hubertus (Dr. Büsing), war 4jährig von der Partie. Amos (17), Flugfeuer I (15) und Flugfeuer II (14), Halbbrüder a. d. Feile v. Feuerstein (Graditz) – King – Alago – King, erschienen als Dreiergruppe, der Schimmel in der Mitte. Vierzehn Vollbluthengste defilierten: drei Dark Ronald-Söhne, Monsalvat (8), Bromo (14) und Da Capo (14), der Steepler Fritz Fromm (12), die Herold-Söhne Dionys (7, Derbysieger) und Lützow (6), der Schlenderhaner Impressionist (12) v. Prunus, die Ard Patrick-Söhne Friedensfürst (19) und Dankl (21), Colleoni (8) v. Aberglaube, Theseus (7) v. Nuage, Präfect (8) v. Flamboyant, Kapitän Graalfs (9) v. Eastern und der argentinische Schimmel Prétal (19).
Unter den Veteranen sah man die bekannten Vererber Flirt (18), Halt (19), Jassy I (20), Mormone (22) und Khelius (24). Drei Hengste Trakehner Abstammung: der alte Famulus II (24, Graditz), der in Ostpreußen renommierte Fahnenträger (18) v. Charm und der Beberbecker Anlauf (11), ein Sohn des Trakehner Perfectionist xx-Nachkommen Irrlehrer. Zwei so bekannte Beschäler wie Flavius (20) und Schumann (24) waren gerade vorher ausgeschieden. Aufsehen erregte der 9jährige Flak v. Flintenstein III, Vater des zu dieser Zeit 2jährigen Futurist I. Detektiv (13) ist noch ohne namhafte Söhne in Celle. Zwar steht in Osnabrück bereits Denksport, Dolman aber kommt erst einige Wochen später zur Körung in Güstrow. In besonderer Schönheit und vorzüglichen Reitformen präsentierte sich der Fuchshengst Landjäger (5) v. Lancelot xx.

Hannoveraner erobern den Springsport

Im Ldg. Celle registrierte man interessiert die Erfolge der hann. Pferde im Sport und kam auf immer neue Gedanken, die Hengste zu präsentieren: Alary III (rechts) v. Aland, als Aktionstraber am Schweif vorgeführt; eine außergewöhnliche Charakterprobe.

Oberst II (unten), Hann., v. Detektiv, lief gerade zu ganz großer Form auf, als die Mobilmachung für den Zweiten Weltkrieg alle sportlichen Bemühungen erheblich einschränkte. Hans-Heinrich Brinckmann im Sattel.

Baron, Hann., v. Nestorianer, hier unter Marten v. Barnekow, gehörte zu den besten Equipepferden der 30er Jahre, überwiegend geritten von Hans-Heinrich Brinckmann.

Das Olympiapferd Alchimist, Hann., v. Amalfi, unter Oblt. Heinz Brand (unten). Alchimist war ein mächtiger Brauner aus der Amurath-Linie und aus einer kleinen, hochedlen Mutter (Cadulla) mit dem Blut der Beberbecker Colorado und Orinocco auf derber hann. Basis (Norval und Schlucker).

Schneemann (rechts), Hann., einer der ganz treuen Erfolgspferde im Springsport, hier mit OWachtm. Georg Höltig, später auch unter «Micky» Brinckmann.

Die Elbinsel Krautsand ist seit langem Schauplatz jährl. Stutenprämiierungen (oben). Während die Stuten auf Ringen verglichen und rangiert werden, gleiten nicht selten Ozeanriesen vorüber. – Ldstm. Korndorff (unten links) hatte gerade den preuß. OLdstm. Dr. Seiffert zu Gast.

Die Bronzemedaille in der Military bei den Olympischen Spielen in Berlin 1936 gewann der in dänischem Besitz befindliche Hannoveraner Jason, B., geb. 1925 v. Andermatt (Graditz) u. e. Stute v. Scholarich (Hann., Ldb. Redefin) v. Scholar – Nabu (Redefin) v. Naber. Die im Nationenpreis mit der Goldmedaille ausgezeichnete holsteinische Stute Nordland hatte als Muttervater den hannoverschen Aland-Sohn Albus im Pedigree.

So spielte Hannover also vor gut vierzig Jahren schon eine der führenden Rollen im Sport, wenngleich Military und Dressur überwiegend Pferde Trakehner Abstammung in Front sahen. Das weitere Vordringen hannoverscher Pferde im internationalen Sportbild wurde wenig später gebremst durch den Ausbruch des Krieges 1939. Aber so ging es ja allen Zuchten. Während des Krieges wurden nur für kurze Zeit die Turnierställe der Kavallerieschule noch weiter unterhalten.

1945 – Nach dem Zusammenbruch

Die Ära des Landstallmeisters Dr. Georg Steinkopff

Landstallmeister Dr. Georg Steinkopff 1945 bis 1958

Der neue Landstallmeister, am 7. November 1893 geboren, stammte aus einer landwirtschaftlichen Familie in Mecklenburg und ist in Schleswig-Holstein aufgewachsen. Von 1935 bis 1938 war er Geschäftsführer des Verbandes hannoverscher Warmblutzüchter und anschließend Sachbearbeiter für Pferdezucht im Reichsnährstand in Berlin. 1942 in die Preußische Gestütverwaltung übernommen, wurde er am 1. November 1945 Leiter des Landgestüts Celle mit 356 Beschälern für 65 Deckstationen.

Pferde fehlten überall in der Landwirtschaft und als Zugmittel. Maschinen und Motorfahrzeuge waren äußerst knapp. So besaßen die Pferde einen hohen Handelswert, und die Deckziffern erreichten erstaunliche Höhen. Niemand konnte sich vorstellen, daß es je wieder Reitpferde geben würde. Man hielt so etwas für einen unmöglichen Luxus in dieser Zeit und war der festen Ansicht, daß sich auch später eine Reiterei nicht wieder entwickeln würde. Es ist daher zu verstehen, daß die hannoversche Zuchtleitung und die Züchter im Lande edleren Hengsten, besonders den Ostpreußen, skeptisch gegenüberstanden. Trumpf wurde der schwere, rippige und kurzbeinige ‹wirtschaftliche› Beschäler. Das Röhrbeinmaß gewann an Bedeutung; Köpfen, Hälsen, Schultern und anderen Points wurde weniger Beachtung geschenkt.

So sah um 1939 ein Material- und Championat-Sieger aus: Ronald, F., geb. Hann., v. Da capo xx u. Fliema v. Flieger.

Zwei Welten nach dem Kriege in Celle. Trakehner landeten hier nach ihrer Flucht. Oben der hann. Gewichtsträger Diskant und rechts Semper idem, früherer Hptb. Trakehnen.

Im Grabensee-Stall (unten), der in den Quer- und Seitenflügeln Boxen, in der Hauptachse breite Kastenstände aufweist, finden rd. 100 der Ldb. Platz. Sie sind nach Farben gestellt.

Der Verband hann. Warmblutzüchter richtete schon bald nach Kriegsende eine Reit- und Fahrschule in Verden ein. Zunächst in der Brunnenwegkaserne, dann in der alten Niedersachsenhalle (oben), wo sie sich auch heute befindet und wo sie regelmäßig auf ausgebuchte Lehrgänge verweisen kann.

1948 fand als erstes großes Turnier im hann. Zuchtgebiet nach dem Kriege das Verdener Turnier statt. Menschenmassen besetzten und umsäumten das Stadion. Eine besondere Attraktion war in den Springprüfungen Hans-Heinrich Brinckmann auf dem später so berühmten Beschäler Ramzes.

Auf dem Lande saßen die Bauernsöhne bald wieder zu Pferde. Mit Ringstechen wurde für den Turniersport vorgefühlt. Aus Dillenburg, wo er die Leitung des Landgestüts übernommen hatte, wirkte Gustav Rau erneut auf die ländliche Reiterei ein, sorgte für Lehrgänge, für Wettkämpfe und stellte gute Verbindungen zum Wirtschaftsrat in Frankfurt her. Außerdem gelang es ihm durch das von ihm wiedergegründete Deutsche Olympiade-Komitee für Reiterei, schon für 1952 in Helsinki eine deutsche Mannschaft in allen drei Disziplinen an den Start und zu ersten Erfolgen zu bringen.

Die Hannoveraner Hubertus v. Goldfisch I (Dr. Willi Büsing), Trux v. Falkner III (Otto Rothe) und Dachs v. Freddy II (Klaus Wagner) brachten Bronze in der Military-Einzelwertung (Hubertus) und Bronze in der Mannschaftswertung. In der Dressur waren die mütterlicherseits hannoversch beeinflußten Vornholzer Oxyd-Nachkommen Adular (Heinz Pollay) und Afrika (Baronesse Ida v. Nagel) an

der Mannschafts-Bronzemedaille beteiligt. Die einzelnen Zuchtleitungen im Bundesgebiet vertraten den Standpunkt, daß die Verwendung des Pferdes in der Landwirtschaft auf lange Sicht keinen einschneidenden Einschränkungen unterliegen würde, zumal Öl als Treibstoff für Motore und Maschinen knapp war. Das Zuchtziel, auch in Hannover, blieb auf das Wirtschaftspferd eingestellt. Reitpferde würden aus der umfangreichen Produktion von ganz allein anfallen, wobei man leichtere Pferde meinte, ohne sich damals über eigentliche Reitwerte tiefgründige Gedanken zu machen.

Als schwungvoller, raumgreifender Gang wurde vielfach bezeichnet, was man heute für den Reitgebrauch ablehnt, wenn der Bewegungsablauf nicht auch gleichzeitig elastisch, rückengeschmeidig und ausreichend kadenziert ist. «Viel Schwung» und hoch aus dem Sattel geworfen werden, das war damals nicht selten ein und dasselbe, zumal auch wenig auf die Konstruktion der Fesseln geachtet wurde.

1949 im Herbst wurde die erste Verdener Auktion aus der Taufe gehoben. Mit diesen dann regelmäßig im Frühjahr und Herbst durchgeführten Absatzveranstaltungen nach extravagantem Modus bekam die hann. Warmblutzucht einen wegweisenden Qualitätsmaßstab und ein bundesrespektiertes Preisbarometer. Im Springtest am Tage der Versteigerung: Amnestie v. Anselmo unter Gerlinde Merten (links).

Auch die Hengst-Leistungsprüfungen in Westercelle wurden weitergeführt. Oben (von links): W. Hansen-Rosenthal, Ldstm. Dr. Kiel, Frau Steinkopff, Ldstm. Dr. Steinkopff, OLdstm. Dr. Heling, Dr. Fritze, Dr. Saenger, Dr. Schlie. Darunter: Gobelin v. Goldfalk vor dem Zugschlitten.

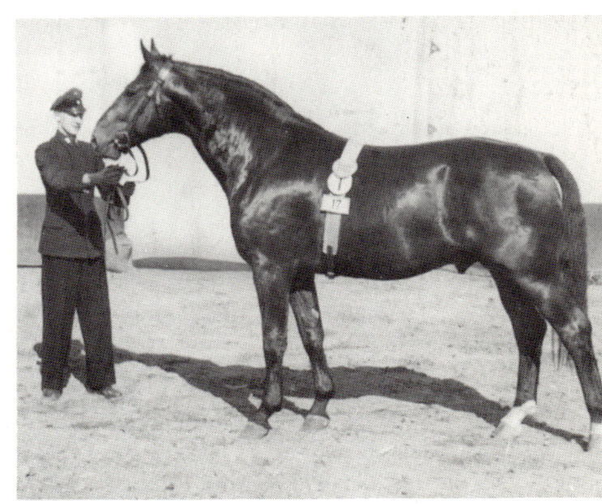

Als DLG-Sieger kehrte 1952 der Celler Ldb. Ebro (rechts), db., geb. 1948 v. Almhüter I u. Freiheitsgondel v. Freiburg – Altenstein, aus Hamburg zurück. Er stand im derben Wirtschaftstyp, war begrenzt in seinen Bewegungen und hat vererbungsmäßig kaum etwas geleistet.

Auch im Ausland wurde die dt. Reiterei aktiv und erfolgreich. Hann. Pferde spielten eine entscheidende Rolle wie hier in Luzern 1954, (von links) Jaspis v. Kampfsport (Magnus v. Buchwaldt), Armalva v. Armring I (Helga Köhler) und Alpenjäger v. Alpinist (Hans Günter Winkler).

Die deutsche National-Springmannschaft ging schon bald regelmäßig ins Ausland und brachte dem Sport der Bundesrepublik neues Ansehen, den deutschen Pferdezuchten Renommee. Zu dieser Equipe, die Jahre hindurch unsere Farben vertrat, gehörten vor allem Meteor (Fritz Thiedemann), Halla (Hans Günter Winkler), Armalva (Helga Köhler) und Jaspis (Magnus v. Buchwaldt). Die Zahl ihrer Erfolge in Nationenpreisen und anderen großen Entscheidungen in Aachen, Hamburg (Derby), Dortmund, Genf, Luzern, Rom, Bilbao, Madrid, Brüssel, Ostende, Rotterdam, Berlin, Kopenhagen und 1954 in Kanada und den USA, wobei Armalva und Page (v. Per saldo) die hannoversche Zucht vertraten, war groß und international überzeugend.

Im Landgestüt Celle pflegte Landstallmeister Dr. Steinkopff die Jagdreiterei. Eine größere Zahl der Landbeschäler trat hierzu wöchentlich einmal an. Typ, Volumen und Kaliber blieben unverändert, stark und wuchtig. Als modernerer Typ wurde Firnis, F.-H., geb. 1946 v. Fiat u. Candita v. Candidat – Kinos, begrüßt. Seine Reitqualitäten erreichten jedoch nicht annähernd das heutige Niveau. Die Reitqualität im allgemeinen blieb noch längere Zeit Stiefkind.

In der Dressurreiterei war der Turnierstall des Gestüts Vornholz Schrittmacher. Hier wirkten Otto Lörke und sein (seit 20 Jahren) «Lehrling» Willi Schultheis. Hinzu kamen Käthe Franke mit dem Hannoveraner Unternehmer, Felix Bürkner mit Zigeunerbaron (Hann.) und andere Altmeister wie Richard Wätjen, die sich allmählich wieder in öffentliche Prüfungen hineinwagten.

Von Warendorf aus, wohin Gustav Rau mit dem DOKR gezogen war, wurde die Militaryreiterei rekrutiert und entwickelt. Hier setzte sich General a. D. Viebig in hervorragender Weise ein. Zu Hubertus, Trux und Dachs kamen weitere erstklassige Hannoveraner wie Prinzeß v. Jubel (Klaus Wagner), Sissi v. Fokker (Otto Rothe) und Hardenberg v. Heristhal (August Lütke-Westhues).

Es tat sich also einiges. Aber es sollte noch viele Jahre dauern, bis der Reitsport durch den sich entwickelnden Turniersport eine breite Basis erreichte.

Das CHIO in Aachen, das offz. intern. Reit- und Springturnier der Bundesrepublik Deutschland, sah als erste Sieger nach dem Krieg nacheinander die

Hannoveraner Erle II v. Almarich (Polizei-HptWachm. Havemann) und Garant v. Armring I (Karl Prinz zu Salm-Horstmar).

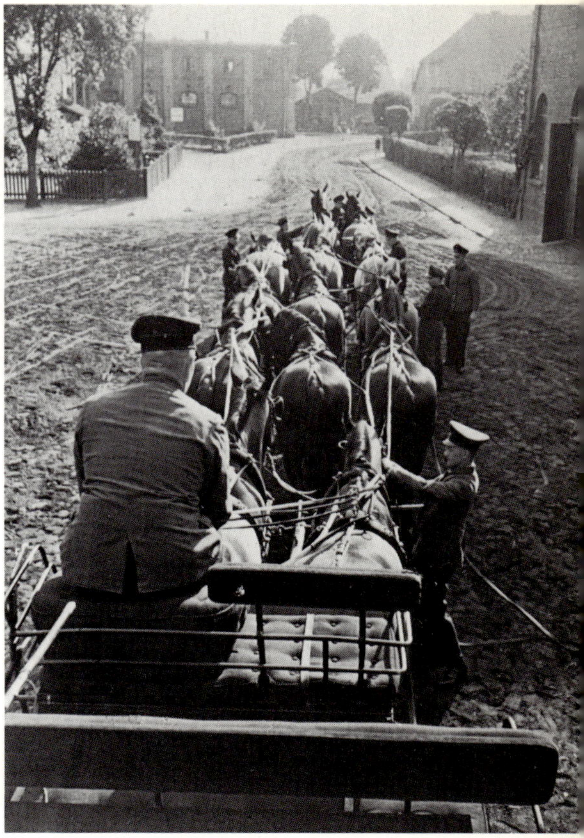

Im Ldg. Celle herrschten schwere Hengste im Wirtschaftstyp vor. Oben drei Söhne des Abendsport (v. Alkoven I), (von links) Alljeder, Aktionär, Ableger I.

Abendsport, F., geb. Hann. 1935 v. Alkoven I u. Stiefmutter v. Sportsmann – Jasperding – Schumann, bis 1949 vielbenutzter Vererbungsstar mit 74 gekörten Söhnen und 209 Stb.-Töchtern.

Im Celler Gestütbetrieb lief allmählich wieder alles wie früher. Meyer XIII (rechts) fuhr 13spännig, hier auf dem Bock abwartend, bis alle Leinen richtig eingefädelt sind.

Besonders grob und in der Farbe lehmfuchsig wirkten die Söhne des Journalist (v. Jasperding), (unten, von links) Juragold, Jurawind, Johst I. Mächtige, starke Beschäler lieferte Almjäger I (v. Alpenflug II). Hier drei seiner Söhne, (ganz unten, von links) Almfreund I, Almfeuer II, Almfreund II.

Aus Westercelle präsentierten sich Jahr für Jahr wieder die Dreijährigen bei den Celler Hengstparaden, damals ausgebildet und angeführt von Sattelm. Otto Adomat, der 1944 aus Trakehnen nach Hannover verschlagen worden war.

Aus der Amurath-Linie kamen mehrere gute Hengste nach Mecklenburg. – Amandatus (Ldb. Redefin) v. Amandus (v. Amurath I) bestritt viele Jahre die Freiheitsdressur mit Gestütw. Ahrndt bei den Hengstparaden.

Zuchtgebiete auf hannoverscher Basis

MECKLENBURG

Über die Bedeutung Mecklenburgs als Pferdezuchtland ist in den Eingangskapiteln über die hannoversche Zucht ausführlich die Rede gewesen, auch davon, daß schließlich allzuviel und zudem wenig gutes Vollblut die mecklenburgische Landespferdezucht ziemlich ruiniert hatte.

So war ein Wiederaufbau nur durch hannoversche Importe möglich. Hiervon wurde in vielen Jahrzehnten ausgiebig Gebrauch gemacht mit Hengsten, Stuten und Fohlen (jährlich etwa 2 000). Um 1938 hatten das Landgestüt Redefin (180 Beschäler) und der Verband mecklenburgischer Warmblutzüchter das gemeinsame Ziel erreicht, eine solide, bodenständige Landeszucht vorweisen zu können.

In der Hengstaufzucht hannoverscher Beschäleranwärter dominierte Mecklenburg lange Zeit noch vor Hannover. So wurden hier so berühmte Vererber wie Alderman I, Dolman und Flügeladjutant groß, um nur einige wenige zu nennen. Der Hengstmarkt in Güstrow hatte 1942 mit rund 400 Hengsten seinen größten Umfang erreicht.

Nach 1945 wurde Redefin als Landgestüt weitergeführt und ist auch heute als DDR-Betrieb in vollem Umfang für die mecklenburgische Warmblutzucht tätig. Original-Hannoveraner werden seit mehreren Jahren nicht mehr eingeführt.

Das meckl. Ldg. Redefin (im Bild die Reithalle) wurde 1812 gegr. und versorgte die Landkreise von Mecklenburg-Schwerin mit Hengsten, später auch von Mecklenburg-Strelitz und nach 1948 auch von Vorpommern.

Flugrekord, Ldb. Redefin, F., geb. Meckl. 1947 v. Flughorst – Flugtag.

Doornkaat II, Ldb. Redefin, F., geb. Hann. 1957 v. Dömitz I – Almjäger I.

Die Flimmergold-Linie (mit Flimmerstahl am rechten Flügel) gehörte in Pommern zum Besten der auf Hannover basierenden Zucht. Flimmergold v. Flimmer I kam aus Hannover in das pomm. Ldg. Labes.

POMMERN

In Vorpommern war die hannoversche Zucht seit Beginn des 20. Jahrhunderts die eigentliche Basis, ständig erneuert durch Fohlenankäufe aus dem Ursprungsland. Ein qualitätsmäßig besonders wertvoller Anteil des Hengstbestandes im Landgestüt Labes bestand aus reinen Hannoveranern. Nach Wucht und Kaliber besaß Pommern die schwersten Pferde im Vergleich zu den Zuchtgebieten Hannover, Mecklenburg, Brandenburg und Westfalen. Für Hinterpommern traf dies weniger zu, zumal hier auch Beschäler Trakehner Abstammung eingesetzt wurden.
Heute ist das Landgestüt Labes wieder in Betrieb. In Regie des polnischen Staates. Die vorpommerschen Kreise wurden von 1945 bis 1948 durch das neugeschaffene Landgestüt Ferdinandshof versorgt, dann von Redefin aus, als Vorpommern mit Mecklenburg-Schwerin und Mecklenburg-Strelitz zum Lande Mecklenburg vereinigt wurde.

1945 richtete Hans Joachim Köhler mit Genehmigung der Landesregierung in Ferdinandshof Kr. Ueckermünde ein Ldg. für die pomm. Kreise westl. der Oder ein und wurde mit dessen Leitung beauftragt. – Sattelm. Albert Schulz mit einer Bewegungsabteilung älterer Landbeschäler.

Radetzky, Ldb., Sch., geb. Vornholz 1951 v. Ramzes u. Malta v. Oxyd – Flirt (Hann.) – Kirkland (Hann.), einer der größten Vererber im Zuchtgebiet Westfalen.

Gottschalk, Ldb., R., geb. Hann. 1969 v. Gotthard u. Landprinzeß v. Lugano I – Altmärker, ausgeprägte Springanlagen.

Grünspecht, Ldb., db., geb. Westf. 1944 v. Gründer I (hann. Grunelius-Linie) u. Alpenrose v. Abendsport (Hann.) – Alltag I (Hann.), großer Vererber.

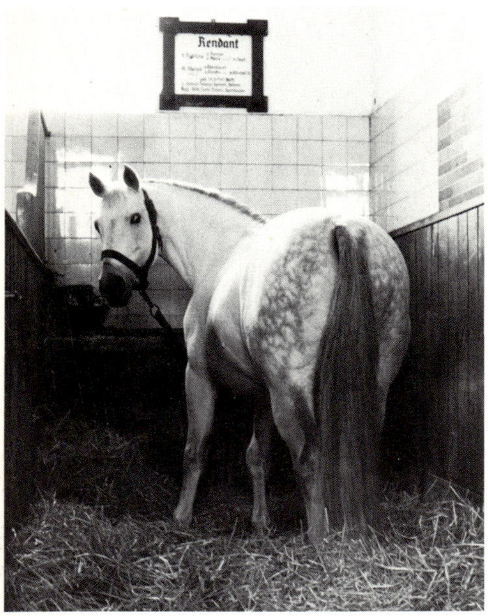

Aus der Radetzky-Gruppe kommt auch Rendant, Ldb., Sch., geb. 1963 v. Radetzky u. Adelheid v. Abenteurer (Hann.) v. Abendsport.

WESTFALEN

Die Warmblutzucht Westfalens hat lange gebraucht, um zu einer konsolidierten Zucht zu finden. Sie bediente sich bis zur Einigung auf eine ausschließliche Verwendung hannoverschen Blutes (1920) aller möglichen Rassen und Schläge.
Dann aber wurde konsequent ausgemerzt und aufgeforstet, wobei man sich besonders auf die Einfuhr von Zuchtmaterial aus dem Lande Hadeln konzentrierte. Von Feiner Kerl, Almjäger und Abendsport gingen wertvolle Nachkommen nach Westfalen, später auch aus anderen Bezirken.
Das Gestüt Vornholz des Freiherrn Clemens v. Nagel hielt ebenfalls einige hannoversche Stuten, die beispielsweise in den Mutterstämmen der Olympiapferde Adular und Afrika auftreten. Auch der in Vornholz gezogene Radetzky geht auf hannoversche Hengste (Flirt und Kirkland) zurück.
Auf der Verdener Hengstkörung deckt das Landgestüt Warendorf jährlich einen Spitzenbedarf oder erwirbt gezielt etwas Bestimmtes.

Hengstparade in Warendorf. Ausschnitt aus der traditionellen Jacobowsky-Quadrille, die durch Figurenreichtum und Reitexaktheit besticht.

Das Landstallmeisterhaus beherbergt in einem Seitentrakt auch die Boxen der Hauptbeschäler. (Nach einer alten Zeichnung.)

BRANDENBURG

In der Provinz Brandenburg haben ostpreußische Vererber Trakehner Abstammung und hannoversches Blut gemeinsam das Bild der Landespferdezucht geprägt. Die Elbmarschen verlangten zudem ein schwereres Pferd als die Bodenstruktur der anderen Gebiete des Landes.

Im Hauptgestüt Neustadt (Dosse), dem das Landgestüt Lindenau in unmittelbarer Nachbarschaft angeschlossen ist, standen immer auch hannoversche Hauptbeschäler und Mutterstuten. Vor allem Schwabenstreich, Schwarzer Star, Sheridan, Feiner Kerl und Fernab.

Haupt- und Landgestüt sind heute voll in Betrieb. In den fünfziger Jahren holte man sich regelmäßig Hengste aus Hannover. In letzter Zeit ist dies unterblieben.

Eine hannoversche Zuchtinsel besteht außerdem in Radegast (Sachsen). In dieses Zuchtgestüt wurden wertvolle hannoversche Zuchtstuten verkauft. Und einflußreiche Beschäler. Vor allem Julier v. Julius Caesar xx, der dort eine gute Nachzucht geschaffen hat.

Fernab, B., geb. Hann. v. Fermor III, Hptb. Neustadt (Dosse).

Vom Ldg. Celle wurde der große Vererber Feiner Kerl, B., geb. Hann. 1919 v. Fling u. Kebansa v. Kirkland, einige Jahre in den Wintermonaten dem Hptg. zur Verfügung gestellt.

Hannoveraner unter sowjetischer Besatzung

Während im Mutterland der hannoverschen Pferdezucht nach 1945 fast keine Verluste in den Zuchtbeständen zu verzeichnen sind, fanden sich in den Zuchtgebieten ostwärts von Elbe und Zonengrenze nur noch kleine Reste. Der Verfasser berichtet hier von der Aufbauarbeit in Vorpommern, über die Gründung des Landgestütes Ferdinandshof, das anstelle des östlich der Oder verlorenen Landgestütes Labes aus einem früheren Remontedepot entstand.

Neben den umfangreichen Aufbauarbeiten in der Landespferdezucht vollzog sich 1945/46 die beschleunigte Einrichtung des zwischen Anklam und Pasewalk an der Hauptstraße Stralsund–Berlin gelegenen Landgestütes Ferdinandshof.
Da mit einer Wiederbelegung durch die Besatzungsmacht gerechnet werden mußte, entschloß man sich, die ersten 25 Landbeschäler mit ihren Wärtern Ende August 1946 von den Stationen abzuberufen und in das frühere Remonteamt zu holen.
Überall, wo sich die Gelegenheit fand, um die Beschäler – vielfach mit Draht – anzubinden und ihnen außerdem auch Futter schütten zu können, wurde sie, je nach dem Verlauf der Bauarbeiten, wahrgenommen.
Die Gestütwärter wohnten vorläufig im Stroh. Auch sie waren anfangs vom Wert des künftigen Landgestütes wenig überzeugt, wenn sie des Nachts, mit einem Feuerzeug leuchtend, über hohe Stallpflasterhaufen hinüberstolperten, um die Beschäler aus dem Baumaterial herauszusuchen und ihnen die ungebräuchlichen Anbindevorrichtungen zu erneuern.
Daß die Maßnahme einer frühzeitigen Besetzung richtig war, stellte sich aber doch heraus, als das einige Tage leerstehende Landgestüt Redefin auf unabsehbare Zeit wiederum durch ausländische Viehkommandos belegt wurde.
Als am 14. Dezember desselben Jahres das Gestüt eingeweiht und dabei gleichzeitig in dreistündigem Ablauf die erste Hengstparade in der Ostzone durchgeführt wurde, hatte sich manches Behelfsmäßige zur nützlichen Seite hin verändert.
Der fast 100 Meter lange «Velgaster Stall» und der – einschließlich Wagenremise und Stellmacherei – eine Länge von 150 Metern aufweisende «Voigtsdorfer Stall» waren als frühere Laufställe mit einer meterhohen Erdauflage versehen, mit Kleinpflaster ausgedämmt, durch sieben Durchbrüche stallweise ineinander verbunden und durch 28 neu erstellte Boxen und 62 Kastenwände ausgestattet worden.

Neben dem Neubau von Wachstuben und Geschirrkammern konnten außerdem die Arbeiten an einer bisher fehlenden Licht- und Wasseranlage rechtzeitig abgeschlossen werden. Der «Boxenstall» hatte eine Verbesserung erfahren, und der im Frühjahr 1948 vollendete «Pommernstall» lag im Entwurf vor.
25 ledige oder noch ohne ihre Familien lebende Gestütwärter wohnten mit im Landstallmeisterhaus in neuen, sehr einfachen Möbeln und wurden aus der im Keller eingerichteten Betriebsküche verpflegt. In zwei weiteren Gebäuden waren der Ausbau von zunächst 14 Wohnungen, einschließlich neuer Öfen, Herde, Mobiliar und Hausgerät, und zugleich die Übernahme dieser Räume durch das verheiratete Personal vollzogen.
Der große, früher als gepflasterter Remonteauslauf benutzte Hof zwischen den Hengststallungen und den Gebäuden des Landesgutes hatte sich zunächst in eine Sandbahn verwandelt, um 1947 als eingefriedigter Vorführungsplatz mit Grasnarbe und umfassender Aschenbahn fertiggestellt zu werden.
In der Ostzone gaben die Landgestüte mit dem verhältnismäßig hohen Glanz ihres Beschälerstandes, ihrer Anlagen und Vorführungen, auch gerade ihrer Deckstationen, die ersten sichtbaren Anzeichen dafür, daß etwas Wertbeständiges erstand.
Aus diesen Gründen waren auch in Ferdinandshof hohe Besuche zahlreich und propagandistische Aktionen nicht selten. So filmte bei 18 Grad Kälte im Februar 1947 die Berliner «Defa» das Landgestüt in langdauernden, vielseitigen Vorführungen seiner Beschäler, während gleichzeitig eine Rundfunksendung aufgenommen wurde.
Mehrere Tausend Zuschauer, die teilweise auf Motorfahrzeugen aus allen Teilen des Landes in Ferdinandshof zusammengekommen waren, erlebten die vorletzte Hengstvorführung des Landgestütes am 28. September 1947. Aus der Reihe des schweren Zuges, der Mehrspännerquadrille, der Schulquadrille, der Aktionstraber, des Aufmarsches bedeutender Deckstationen und der verschiedenen anderen zehn Programmpunkte soll hier nur von einem berichtet werden:
Im Widerhall ihrer Hufschläge erschien aus der gepflasterten Durchfahrt des Voigtsdorfer Stalles eine Abteilung dreijähriger Hengste im Jagdgalopp – über die Diagonale des Rasens den oberen Platzbogen gewinnend.
Nach einmaliger großer Umrundung fand sich bei weiten Ab-

ständen die Kette der zwölf jungen Beschäler in den langen Bewegungen des Schrittes am hingegebenen Zügel, und während die Reiter einzeln in Höhe der Tribüne hielten, wurden die Hengste unter Angabe ihrer Nationale und ihrer Deckstationen mit den Zuschauern bekanntgemacht:
Als erster stellte sich ein bildschöner, vornehmer und sehr tiefer Schimmelhengst dem Publikum. Der Lautsprecher vermittelte die Daten: *Fischreiher,* geb. Hann. 1944 v. Faschist II u. Abergläubige v. Almenrausch I. Züchter: A. Scholwin, Wechtern; Aufzüchter: Graf Schwerin, Zinzow; Deckstation: Ferdinandshof.
Mit den langen, lässigen Bewegungen des Vollblüters erschien ein trockener, langliniger Dunkelbrauner am Haltepunkt: *Forstrat,* geb. Hann. 1944 v. Förster u. Cäsarine v. Colleoni xx. Züchter: E. Wichers, Krummendeich; Aufzüchter: Graf Schwerin, Zinzow; Deckstation: Löwitz Kr. Anklam.
Ihm folgte in der Jacke eines Goldfuchses der Spitzenhengst seines Jahrgangs: *Fahnenmarsch,* geb. Hann. 1944 v. Fokker u. Abnobria v. Allerhand. Züchter: v. d. Decken, Rutenstein; Aufzüchter: H. Langenohl, Velgast; Deckstation: Voigtsdorf.
Dann ein sehr schöner, nobler Kastanienbrauner: *Arrest,* geb. Hann. 1944 v. Astral u. Feine Aster v. Feiner Kerl. Züchter: W. Lange, Neuenkirchen; Aufzüchter: H. Plate, Voigtsdorf; Deckstation: Velgast.
Großrahmig, hart und sehr lebhaft, trat ein brauner Hengst, einer der neun «Flügelmänner» des Landgestütes, heran: *Flurschütz,* geb. Hann. 1944 v. Flügelmann I u. Försternot v. Förster. Züchter: Grodtmann, Otterndorf; Aufzüchter: H. Plate, Voigtsdorf; Deckstation: Altentreptow Kr. Demmin . . .

Das Schaufenster der hannoverschen Zucht

Im Zuchtgebiet Hannover tat sich 1949 die Frage auf, in welcher Weise der Absatz von Reitpferden organisiert werden sollte, um den Anschluß an einen sich ganz vorsichtig entwickelnden Markt nicht zu verpassen. Ein Teil des früheren Remonte-Verkaufskontingents wurde um diese Zeit in die Schweiz geliefert – was sich noch lange Jahre fortsetzen sollte. Mit den Verdener Auktionen ab Herbst 1949 trat Hannover beispielgebend in den Vordergrund des Absatzgeschehens in der Bundesrepublik. Fast von Anfang an war Alfred Brüns hierbei als Auktionator tätig.

Schier 30 Jahre alt war jener mecklenburgische Kavallerist, Landstallmeistersohn in Redefin und pommersche Gestütleiter in Ferdinandshof, der 1948 ‹rot›-gedrungen bei Nacht und Nebel bei Hitzacker über die Elbe gekommen war, um in Holstein bei seinen zuvor angesiedelten Eltern Aufnahme zu finden und für Milch und Brot bäuerliche Pferde zuzureiten und auf Turnieren herauszubringen. Ein Ruf aus Hannover, der ihm die Bearbeitung des Buches *Hannovers Edles Warmblut* übertrug, gewährte ihm auch den Vorzug, aus der Warteschlange hippologisch Ambitionierter herauszukommen und die Schriftleitung *Hannoversches Pferd* zu übernehmen.
Der Vorstand des Verbandes hannoverscher Warmblutzüchter, vor allem sein Geschäftsführer Dr. Arnold Schlie, hatten Verständnis dafür, daß der neue Mitarbeiter nicht ein Büromann war im engeren Sinne, sondern seine Interessen auf den wiedererwachenden Turniersport und auf Absatzfragen in moderner Publicity ausdehnte und zu aktivieren suchte. Seine Traumvorstellung, die besten Reitpferde der hannoverschen Zucht in ein Schaufenster zu stellen und eine Art Pferdesalon zu entwickeln, um den Markt zu beleben und ihm elegantere, seriösere Akzente zu geben, fand schließlich Zustimmung, und so wurde im Sommer 1949 grünes Licht gegeben für die Durchführung der ersten Reitpferde-Auktion im Herbst in Verden.
«Wie dat löppt, will'n wi ierst mal awtöwen«, meinten die Züchter, und so war das Angebot klein und mittelmäßig, die Nachfrage matt. 28 Pferde erschienen im Katalog, rund 100 Interes-

senten zur Auktion im November. Die 20-mal-40-Meter-Reithalle in der von englischen Besatzungstruppen belegten Brunnenweg-Kaserne war an einer langen Seite auf 2 Metern mit kleinen, kniehohen Tannen abgegrenzt. Dahinter verfolgten auf lehnenlosen Bänken die Herbeigeeilten nahezu aus der Froschperspektive die Auktionspferde an der Hand, unter dem Reiter und beim Freispringen, wobei ihnen zeitweilig die Brocken des dunklen Hufschlags um die Ohren flogen, was durch ausgesuchte Grammophonmusik etwas gemildert wurde.
Als Reiter konnten der Olympiasieger General a. D. Hermann v. Oppeln-Bronikowski und die Turnierreiter(innen) Inge Bamler, Helga Gohde, das Ehepaar Schulze-Breustedt und der spätere Derbysieger Walter Schmidt gewonnen werden. Außerdem betätigte sich der Züchtersohn Hans-Georg Mahler in hervorragender Weise als Cowboy auf gänzlich rohen Pferden, die in dem nur zehntägigen Training zu ausreichender Repräsentation gebracht werden mußten. Die meisten Pferde sahen reichlich ‹natürlich› aus, langhaarig, in Erhaltungskondition und nicht gerade üppig in der Muskulatur. Da blieb auch der Futtermeister, Peter v. Borstel, machtlos.

Die Hälfte der Kollektion wechselte immerhin den Besitzer. Das erste Spitzenpferd (3 000 DM), Florett v. Florenz aus Isernhagen, ging an den Turnierstall Dr. Funk in Isernhagen, der – gleichsam Nachbar – erst auf dem Umweg über Verden in den Besitz dieses Pferdes gelangte.
Die zweite Auktion im Frühjahr 1950 war mit einem vierzehntägigen Vortraining verbunden. Schauplatz war wieder die Brunnenweg-Kaserne. Leider kamen viele der damals noch wenigen Kaufinteressenten acht Tage zu früh – und zum richtigen Termin nicht alle wieder: Das Inserat im *Sankt Georg* hatte aus nie geklärten Gründen ein falsches Datum beinhaltet. Wegen ihres zu frühen, ergebnislosen Erscheinens in Verden war so mancher verständlicherweise verärgert. Und es nützte der auf das liebenswürdigste vorgetragene Hinweis, man würde sich freuen, die Herrschaften acht Tage später wieder begrüßen zu können, wenig. Die wertvollen Interessenten verließen vielmehr ergrimmt den noch mageren Boden der Auktionsgefilde mit dem Ruf: «Solche Böcke haben wir auch zu Hause, da brauchen wir hier nicht herzukommen!»
Wieder flogen am Auktionstag über Minitannen der Dreck – und dieses Mal Frau Bamler aus dem Sattel einem Interessenten zu Füßen. Fritz Meyer-Stocksdorf, aus russischer Gefangenschaft zurück, wurde als reiterliche Neuerwerbung präsentiert, schüchterne Blumenarrangements blühten zusätzlich, neue Musikplatten versuchten sich beschwörend einzuschmeicheln: Wieder wurden nur 50 Prozent der Kollektion verkauft. Doch der Durchschnittspreis fiel von 1 900 auf 1 700 DM, und das Spitzenpferd Feine Dame v. Futurist I (später von Walter Körner zu Dressurehren gebracht) vermochte den mageren Nachkriegsbrieftaschen nur 2 750 DM zu entlocken.
Nach dem derart schon wenig verheißungsvollen Debüt war dieses zweite, rückläufige Ergebnis kaum dazu angetan, erwartungsvoll vor sich hinzulächeln. So war denn auch die Stimmung auf dem Nullpunkt, als der Verbandsgeschäftsführer, Dr. Schlie, überraschenderweise erklärte, er sei für den Anfang eigentlich ganz zufrieden und man sollte nur getrost weitermachen.
Die beiden nächsten Auktionen, nunmehr mit dreiwöchiger

Trainingszeit, fanden in der Holzmarktkaserne mitten in Verden statt. Eine große Kuppelhalle stand zum Reiten zur Verfügung, und ein langer Stalltrakt der früheren Stabsbatterie AR 22 nahm die Auktionspferde auf. Die Herbstauktion 1950 sah sich also gehobenen Voraussetzungen gegenüber. Die Qualität der Kollektion hatte sich leicht verbessert.

Zu dieser Zeit war es Vorschrift, daß jedes auf Turnieren startende Pferd eine Zugwilligkeits-Bescheinigung vorweisen konnte. So schien es ein guter Einfall, vorbildlicher Kundendienst zu sein, daß die Verdener Auktionen damit begannen, alle Pferde in die Schleppe zu spannen, um den Käufern eine Prüfungs-Bescheinigung der Landeskommission mitliefern zu können. Ein größerer Teil der Beschirrten erfüllte ohne weiteres die gestellte Aufgabe. Überwiegend aber die bessere Reitsorte brachte so viel Amüsement in das Geschehen, daß einige Hartgesottene in später Abendstunde nachexerzieren mußten – den sensationsgeladenen Blicken früher Kaufinteressenten aus Konzentrationsgründen entzogen. Hierbei geschah es, daß der Poet xx-Sohn Panther, Dunkelfuchs und Favorit auf die Spitze, drei kräftige Züchtersöhne außer Gefecht setzte, Schleppe, Geschirr und Sandsäcke bruchstückweise in der Bahn verteilte, um dann in verwirrendem Speed, ähnlich dem Finish im Arc de Triomphe, auf der Tribüne zu landen und in einem rückwärtigen Wandloch zu verschwinden, wobei ein dumpfer Plumps anzeigte, daß der gleichsam Beflügelte irgendwo ein Stockwerk tiefer angekommen war. Die vielen entsetzten Augenpaare, die durch die Maueröffnung hinabblickten, sahen nichts und hörten auch nichts mehr. Und so war es das einzig richtige, daß Hans-Georg Mahler um 22 Uhr auf dem Holzmarkt dem Würstchenbudenbesitzer 10 DM auf den Tisch warf und schnellen Griffs und Fußes mit einer Petroleumlampe wieder erschien, um Licht in das Dunkel zu bringen. Fast gleichzeitig ertönte der Ruf «Wo ist der Patient?», doch Dr. Meyer mußte zunächst vertröstet werden, bis der Dunkelfuchs mit Hilfe von Strohballen und dicken Seilen schließlich geborgen werden konnte. Da sich dies drei Tage vor der Auktion abspielte, war es kein angenehmes nächtliches Telefongespräch, dem Züchter Bericht zu erstatten, und keine Kleinigkeit für den Tierarzt, den Patienten in so kurzer Zeit wieder fit zu bekommen – was aber gelang und den vierthöchsten Erlös zur Folge hatte.

Auch hier saßen die Interessenten noch zu ebener Erde in der Halle, die kurze Seite hinzugenommen mit vielen Stehplätzen hinter zwei Bankreihen. Alfred Brüns waltete zum ersten Mal seines Amtes. Beim Freispringen war es zu einem unangenehmen Zwischenfall gekommen. Das später international berühmte Springpferd Sabine sprang ins Publikum. Beim Einlauf drehte die Stute links ab, sprang über zwei besetzte Sitzreihen und dann noch einmal in die voll ausgefüllten Stehplätze hinein. Glücklicherweise gingen nur ein Regenschirm kaputt und eine schwarze Männerhose. Sonst kam alles mit Schrecken davon, auch der Käufer von Sabine, Herr Meulenbergh, dem rheinischen Freunde nachher beim Zuschlag (1 600 DM) aufgeregt bedeuteten: «Wie kannst du so ein Pferd kaufen – die *janze Blutlinie* springt in't Publikum!» Unter der Schlagzeile «Mit Sekt zu Burgunder» berichtete die Tageszeitung *Die Welt* über diese dritte Verdener Auktion, die Burgunder v. Burgfrieden (Trak.) für 4 600 DM als Spitzenpferd sah und Otto Henkell, Wiesbaden, als glücklichen Besitzer.

Am 24. Februar 1951 kletterte bei der vierten Auktion der Durchschnittspreis auf 2 100 DM für bereits 40 verkaufte Pferde. Das wurde als Sensation gewertet. Spitzenpferd wurde Schwerin, ein für damalige Begriffe sehr eleganter Fuchs v. Schober für 5 200 DM, eine Summe, die den Aussteller dieses Pferdes veranlaßte, erst in mehreren Tagesetappen seine Heimat Dannenberg zu erreichen. Die Presse berichtete damals ausführlich, wo der stolze Züchter auf seiner Rückreise Station gemacht und seine Bewunderer freigehalten hatte. Das Spitzenpferd kam in die Hände von Oberst a. D. Robert Wilke, der dem Schulstall der Kavallerieschule angehört hatte. Auf dem Turnier in Hameln gewann Schwerin dann die Materialprüfung für Reitpferde, ging aber anschließend anläßlich einer wohlgemeinten Erfrischung so passioniert und weit in die Weser hinein, daß sein Reiter in langem, schwerem Schwalbenschwanz-Reitrock vollgesogen und triefend nur mit Mühe das Ufer wieder erreichte.

Welche Aufregung auch damals schon herrschte, sobald die Versteigerung begann, zeigt diese kleine Begebenheit: Die Verkäufer mußten zum Pult treten, wenn ihr Pferd an der Reihe war. Und so stand da auch Hermann Meyer, Allwörden, als seine sehr kleine Duellant-Tochter Donau effektvoll ihre vier weißbestrumpften Beine voreinandersetzte. «3 000, das kann ja wohl nicht angehen für das kleine Pferd, 3 100!» meinte der Züchter, abwechselnd durchbluteter und weißer Gesichtsfarbe. «Haben Sie noch Appeln», fragte er zum Pult, «Sie kriegen einen Korb voll . . ., 3 500, wo kann das angehn, 3 600, nee, o nee, das ist mir ja bald peinlich, 3 800! Die kleine Dulli-Puppe, aber Gang hat sie ja, Junge, was die aber auch tritt, 3 900! 'ne ganze Kiste Appeln kriegen Sie . . ., 4 000! So, bums, Gott sei Dank, das hätt' ich nicht mehr länger ausgehalten.» (Zweithöchstes Gebot der vierten Auktion.)

Zur vierten Auktion war es gelungen, Sybille Nehring aus Berlin und Walter Günther aus Köln als Reiter zu gewinnen. Am Auktionstag stand ein kleiner Springparcours in der Halle, die Sonne fiel voll herein, und Fregola, die später so berühmte Rappstute (Gerlinde Merten, Hans Günter Winkler), offenbar durch den Pfleger etwas kraftvoll und hurtig gegurtet, zog mit beängstigend krummem Buckel die rote Mauer an und katapultierte ihren Reiter auf jenen Fleck, den der Sonneneinfall begrenzte. Vermutlich wurde darob die Stute für bösartig gehalten, denn ein Gebot blieb ihr versagt. Der damals schon namhafte Reiter klopfte die Stute in ihrer Box und versuchte die enttäuscht sich nähernde Züchterin dadurch zu trösten, daß er meinte, das Pferd dann nun wohl selbst kaufen zu müssen. Doch wurde dieses falsch verstanden – und nur die Flucht blieb rettender Ausweg, dem wie ein Schwert gebrauchten Regenschirm der mißtrauischen Dame zu entgehen. Später wurde der Springklasse suchende Vater von Gerlinde Merten auf Fregola, die wieder auf dem Züchterhof stand, angesetzt. Aber in gut zwei Stunden kam er nach Verden zurück, fluchend und in dem Gefühl, in übelster Weise zum Narren gehalten worden zu sein. Mit Hunden war er vom Hof gejagt worden, als er sich als Interessent aus der Gegend von Köln empfohlen und auf die Frage, ob er einen gewissen «Bubi» kenne, diesen selbstverständlich mit großer Geste als guten Bekannten bezeichnet hatte. Eine Stunde später waren dann Familie Merten und Fregola doch vereint, nachdem die zürnende Züchterin sich höherenorts hatte überzeugen lassen, daß der Zwischenfall an der Mauer wirklich nur aus unglücklichen Umständen entstanden war. Walter Günther allerdings mied seither leider eine reiterliche Beteiligung bei den Auktionen.

In der Turniersaison 1950 traten neun Verdener Auktionspferde erfolgreich in Erscheinung. So schrieb die Zeitschrift *Hannoversches Pferd* von ersten Auswirkungen dieser Veranstaltung und nannte Flora v. Fockenbach xx (Frau Schusky), Melodie v. Allersport (Hans Günter Winkler), Feine Dame (Walter Körner) und Fackelzug v. Ferdinand als Turniersieger.

*

Zum Herbsttraining 1951 zog die fünfte Kollektion in die Niedersachsenhalle am Lönsweg, wo sich auch die Reit- und Fahrschule etablierte. Als Reitbahn war der Gebäudeteil, der als Tennishalle gedient hatte, hergerichtet worden. Die Maße des Hufschlags betrugen 18 mal 38 Meter. 500 Sitzplätze entstanden in vier Reihen an zwei langen Seiten und einer kurzen.

Der größere Teil der Hallenanlage nahm einfache Holzboxen auf. Hier hatte bis dahin eine Firma riesige Mengen an Futter gelagert. Die Zahl der Auktionspferde blieb um 40; eine geringe Erhöhung wurde erst 1953 vorgenommen.

Außenanlagen in kleinem Rahmen konnten neben der Halle benutzt werden. Darüber hinaus gab es die Möglichkeit, das Rennbahngelände, etwa 2 500 Meter entfernt, auf einem Reitweg zu erreichen.

Als die erste Kollektion in der allen Beteiligten feudal erscheinenden Hallenanlage angeliefert wurde, erschien aus Thedinghausen (20 Kilometer nordwestlich von Verden) ein Einspännerfuhrwerk, das von der Mutterstute Tanzweise (v. Tanera) bewegt wurde, während ihr Sohn Archimedes (v. Altan) dem Fuhrwerk hintangebunden war, um sich auf diese Weise als

Auktionskandidat in Verden zur Stelle zu melden. Der edle und sehr kesse Braune maß damals nur 156 Zentimeter Stockmaß, was ihn nicht hinderte, zu wachsen und später Olympia-Dressurpferd von Jessica Newberry (USA) zu werden.
Als Stallmeister amtierte damals in langen schwarzen Reitbeinkleidern und einem ebensolchen Gehrock «Graf» Beckmann aus Gr.-Eilstorf, mit außerordentlichem Charme besonders Kaufinteressentinnen gegenüber, denen er mit Pfefferminzlikör auf einem Tablett entgegenzuschreiten pflegte, um sie willkommen zu heißen, nie vergessend, späterhin durchblicken zu lassen, daß er Mussolini den hannoverschen Fuchs Armin nach Rom gebracht und ihm diesen in viel bewunderter Reitkunst offenbart hatte. Den Spitzenpreis brachte die Schimmelstute Alster v. Agram, dessen Name hier zum ersten Mal genannt wurde. Hans Günter Winkler ließ die eitle Stute, die entgegen späteren Agram-Erfahrungen gut durchs Genick trat, effektvoll paradieren. Mit 6 400 DM wurde ein neuer Höchstpreis erzielt.
Beim nächsten Mal war das Zuchtgebiet um Hoya/Sulingen vorn mit der großrahmigen, etwas bunten Fuchsstute Feuerwerk v. Falkonier. 7 000 DM wurden in der Spitze notiert.
Die siebte Auktion brachte zum ersten Mal außerordentliche Spannung in das Geschehen, zumal eine Favoritin auf die Spitze, die bildschöne und bedeutende Ferdinand-Futurist I-Tochter Fulda, durch einstweilige Verfügung mit Polizeigewalt aus dem Auktionsstall überführt wurde in einen Stall, der 200 Meter von der Niedersachsenhalle entfernt war. Dies geschah am Mittwochabend vor der Auktion. Am Donnerstag wurde juristisch gefochten, wobei sich herausstellte, daß der Anspruchsvolle die Stute keineswegs vor Wochen gekauft hatte, sondern sie nur hatte kaufen wollen, was aber nach den Zulassungsbestimmungen abgelehnt worden war. Fulda kam abends zurück, versichert für den 200-Meter-Weg, und wurde sogleich noch in der Halle gearbeitet, um für Freitag fit zu sein. Als die Stute in der Halle erschien, freuten sich die angereisten Käufergruppen und klatschten Beifall. Der vermeintliche neue Besitzer saß traurig auf der Tribüne, genoß das Bild der eleganten, in ihren Bewegungen hervorragenden Erscheinung noch einige Minuten und wandte sich dann gebeugt und gerührt ab, um die Heimfahrt anzutreten. Das war irgendwie ergreifend, und niemand nahm ihm den regelwidrigen Schachzug nachhaltig übel. Der andere Favorit, Frohsinn v. Futurist I, erschien am Auktionstag mit Verband, weil er die letzte Nacht über dem Flankierbaum gehangen hatte, schaffte es aber dennoch, mit 9 100 DM vor Fulda das höchste Gebot auf sich zu lenken (Otto Schulte-Frohlinde), während Douglas v. Duellant den dritten Rang belegte, ersteigert von Josef Neckermann, der zufällig in die Halle gekommen war, stehend den Fuchs sah, kaufte und wieder entschwand.
Tagespresse, Rundfunk und Fernsehen beschäftigten sich seit geraumer Zeit mit den Verdener Auktionen. Illustrierte brachten Bildreportagen, Presseschlagzeilen wie «Pferde wie schwarze Diamanten» unterstrichen die Exklusivität, und Fernsehscheinwerfer ließen des öfteren die nicht übermäßig widerstandsfähigen Sicherungen in der alten Halle durchschlagen. Als einmal ein Kameramann von der Empore aus einem Kollegen in Abständen winkend Zeichen gab, vermeinte Alfred Brüns im Dunst der hereinfallenden Sonne jedesmal ein Gebot zu erkennen und schlug dann auch schließlich zu. Der Ahnungslose, mit dem Käufer-Quittungsblock anschließend konfrontiert, dachte zunächst an einen Scherz. Dann aber machte er Ernst, unterschrieb und meinte, er habe zwar noch nie geritten, aber eigentlich immer schon Sehnsucht nach einem Pferd gehabt. So kam er also unter dem Gaudium seiner Kollegen zu einem Schimmel, dem er sich dienstlich mit seiner Kamera genähert und ihn sich dann scheinbar privatim herangewinkt hatte.

Im Frühjahr 1968 wurde der Auktionskatalog umgestellt. Während bis dahin ein Einladungsprospekt (Vorkatalog), ein Bildprospekt, der Katalog und ein Schlußprotokoll nach und nach einzeln gedruckt worden waren, wurden jetzt – außer dem Vorkatalog – alle Drucksachen in dem sogenannten Hauptkatalog zusammengefaßt, in dem man jedem Pferd eine ganze Seite einräumte. Diese Maßnahme fand den gewünschten Beifall; das Hantieren mit vier verschiedenen Druckunterlagen setzte ja auch eine ziemliche Fingerfertigkeit voraus. Zumal bei Rauchern oder

Keksnaschern. Wenn ein Auktionspferd die Bahn betrat, begannen die Interessenten alle Unterlagen zu studieren, zu lesen und miteinander zu vergleichen. Inzwischen war das Pferd längst wieder entschwunden, und es waren nur wenige, die seiner ansichtig geworden waren.
Seither sind die meisten Kataloge zu Hause mit Hingabe schon vorbearbeitet. Nicht selten in allen Farben. Drei Kreuze wechseln mit Fragezeichen. Hier sind die Schimmel gestrichen, da die Füchse, mitunter alle Nachkommen eines bestimmten Blutes, mit dem man wohl einmal nicht so gute Erfahrungen gemacht hatte. In Verden vor Ort ändert sich dann wieder manches. Manchmal von Tag zu Tag, von Eindruck zu Eindruck.
Bisweilen ist aber auch Taktik im Spiel: der kleine Bluff in aller noch eben möglichen Fairneß – oder das ausgefeimte Täuschungsmanöver, mit dem beispielsweise Erich Wandschneider einst in Verden das Springpferd Arbeitspause (später Sünderin) gleichsam in den Schoß gelegt bekam, nachdem er bei Erscheinen der begehrten schokoladenfarbenen Stute nach rechts und links hinter vorgehaltener Hand den geschockten Mitinteressenten in Lauffeuerwirkung zuraunte: «Dat Aas springt keen Graben!» Die dämlichen Gesichter, als Erich dann strahlend den Zuschlag genoß, waren kaum zu beschreiben.
Die Auktionsreiter hatten bei der Verdener Polizei eigentlich immer einen Stein im Brett. Das war besonders wichtig zu der Zeit, als drei Schimmelsöhne des damals noch unbekannten Gotthard den Springassen die Augen öffneten und einer von ihnen, Gravensteiner, einem Feierabend-Getränk den Namen gab, das sich aus Apfelsaft und klarem Korn zusammensetzte, der in der Naturfärbung des Obstsaftes unsichtbar blieb. Der unverwüstliche Hermann Voß, eines Abends mit einer Dachrinne am falschen Fenster abstürzend und von der Polizei über Gartenzäune verfolgt, entschuldigte sich am nächsten Morgen auf der Wache mit einer Flasche Sekt («Das Leben is dscha man kurz»), die zwar nicht in Empfang genommen, aber als Zeichen guten Willens zu bürgerlich-gesitteter Zusammenarbeit gewertet wurde. Zwei Damen aus Wien, die ein Auktionspferd probierten und für gut befanden, indes zum Ausdruck brachten, daß ihnen das Maul zu trocken sei, versuchte ein anderer Voß, Willi, zu helfen: «Jungs, holt mal eben een Emmer Water her!»
Bereits im Januar 1969 rückte ein Teil der Frühjahrs-Kollektion in Verden ein, um für ein Schaubild beim Bremer Turnier vorbereitet zu werden. Im März wurden dann bei tiefem Schnee in großen Rennpferdetransportern 36 junge Auktionspferde in die Bremer Stadthalle mit ihren Pflegern und 28 Reitern verladen, 24 Pferde für die Quadrille, 4 Pferde fürs Quartett, 4 Pferde für die Doppellongen-Vorführung und 4 Reservepferde. Für die Auktionsreiter wurde damals der viel bewunderte und später oftmals nachgeahmte dunkelblaue Paraderock mit goldenen Knöpfen entworfen und erstmalig in Bremen getragen. Gleichzeitig hatten hier auch die weißen Verdener Satteldecken Premiere. Das Schaubild fand außerordentlichen Anklang, und die Fachwelt meinte übereinstimmend, daß es eine kaum glaubliche Erscheinung gewesen sei, so viele elegant sitzende und führende Reiter(innen) in einem geschlossenen Team auf 24, meist eben erst vierjährigen Pferden zu sehen und den zwanglos gegebenen Effekt in sich aufzunehmen. Ein in Wochen dazu ausgesuchte Musik begleitete das dreiteilige Schaubild, das in mehreren Hauptveranstaltungen das ausverkaufte Haus zu Beifallsstürmen hinriß. Viele werden sich noch daran erinnern, vor allem auch daran, daß ungeahnte Schneemassen Veranlassung gaben, Autos freizuschaufeln oder sicherheitshalber mit Traktoren nach Bremen zu fahren.

Ldstm. Dr. Christian Frhr. v. Stenglin, seit 1958 Leiter des Ldg. Celle

Zuchtziel: Nur noch Reit- und Sportpferd

Die Ära des Landstallmeisters Dr. Christian Frhr. v. Stenglin

Christian Frhr. v. Stenglin entstammt einer alten Landstallmeisterfamilie. Sein Großvater war Exz. und OLdstm. im meckl. Ldg. Redefin, sein Vater preuß. Ldstm. u. a. in Braunsberg und Wickrath. Der jetzt amtierende Ldstm. dieser Linie übernahm nach Studium, Promotion und Assistententätigkeit in Warendorf und Celle das nieders. Ldg. 1958.

Der Markt schrieb unbarmherzig das Zuchtziel vor. Überlegungen in Richtung Wirtschaftspferd wurden von Jahr zu Jahr entbehrlicher, und so ist es seit geraumer Zeit eindeutig, daß die Pferdezucht heute nur noch das Ziel haben kann, Reit- und Sportpferde in wachsender Qualität herauszubringen. Wie sehr hierbei Charakter und Temperament eine Rolle spielen, zeigt das Überqueren einer Autobahnbrücke durch dreijährige Hengste zwischen Celle und Adelheidsdorf.

Neuzeitliche Blutlinien

Viele bäuerliche Züchterhöfe sind von alters her erhalten. Auch im Alten Land: Hier führt eine Aktionär-Tochter ihr Abglanz-Fohlen.

Von den heute einflußreichen Blutlinien in der hann. Pferdezucht sollen hier zwei Beispiele gegeben werden.

Flingarth, B. 1906, — King

Fling, B. 1911 — King

Feiner Kerl B. 1919 — Kirkland

Friesenkönig Db. 1938 — Erlkönig · Frio B. 1946 — Dolman · Wahlmann B. 1955 — Flügelmann I · **Wedekind** B. 1966 — Athos

Frevler Db. 1942 — Flame II · **Wrede** R. 1960 — Flügeladjutant · **Winnetou** R. 1964 — Goldfisch II

Freischärler B. 1942 Almjäger I · **Wicht** B. 1960 — Wüstensohn xx · **Wendekreis** B. 1967 — Domspatz

Weinschenk B. 1959 — Abendsport · **Fürst Ferdinand** B. 1967 — Ahn

Feinschnitt I Db. 1929 — Aconit · Ferrara B. 1935 — Alcantara I · Ferdinand B. 1941 — Helgoland I · **Waterloo** B. 1963 — Abhang I

Fernjäger B. 1943 — Almjäger I · Wortschwall R. 1952 — Schwall · Feuerland B. 1940 — Helgoland I · Weiler B. 1948 — Aufseher · **Weingau** B. 1954 — Goldfisch II · **Watzmann** F. 1968 — Flachsmann

Wendelstein F. 1967 — Alabaster xx

Weitblick Db. 1965 — Goldmann · Weingeist F. 1950 — Futurist II

Fermor III B. 1937 — Mormone · Freiherr I F. 1942 — Golfsport II · Welf F. 1948 — Futurist II

Wiking F. 1950 — Ahnherr · Wimpel Df. 1956 — Ahn

Wunsch I F. 1955 — Schutzmann I

Wunsch II F. 1957 — Schutzmann I

Wohlklang B. 1962 — Der Löwe xx

Flavius Db. 1915 — Athanas · Flügelmann I Db. 1929 — Aldermann I · Flügeladjutant B. 1938 — Albeck · Wöhler Df. 1956 — Flotow · **Woermann** F. 1971 — Marabou xx

Florentiner II R. 1953 — Flotow · **Wolfsburg** F. 1963 — Tropenwald

Winkel Db.. 1951 — Spinck · **Wacker** Df. 1968 — Almfänger II

Format III B. 1943 — Halt · Wotan B. 1947 — Atlantic · Widerhall Sch. 1964 — Frühsport · **Wienerwald** Sch. 1971 — Altenwalde

Folkunger Hb. 1936 — Flimmer I · Wolfgang Sch. 1947 — Hagen · **Wappenschild** B. 1969 — Adlersch. xx · **Wiener Walzer** F. 1969 — Altenwalde

Flieger Db. 1915 — Colorist · Fliegerstern B. 1924 — Morgenstern · Fiat I Db. 1933 — Freiligrath · Firnis F. 1946 — Candidat I · Weißgold F. 1954 — Abendsport · **Windsor** F. 1969 — Julius Caesar xx

Flingarth-Linie

Seit Flick (v. Zernebog) hat diese Linie in Hannover ihre große Bedeutung. Sie selektiert sich selbst.

Abglanz F. 1942 — Poseidon (Trak.)

Absurd F. 1959 — Johann · Aberwitz I B. 1958 — Flügeladjutant

Abhang I F. 1953 — Aktionär · Aberwitz II B. 1961 — Flügeladjutant · **Abseits** R. 1969 — Einführer

Ascari R. 1967 — Feiertag I

Abend F. 1953 — Johann · Abdulla Df. 1958 — Flügeladjutant · **Argus** F. 1964 — Goldmann · Adular F. 1970 — Duellant

Aalfänger F. 1962 — Almfänger II · **Alexander** F. 1963 — Flügeladjutant

Akrobat F. 1973 — Almfänger II · Absender F. 1959 — Schutzwart

Artur F. 1956 — Aktionär I · **Arlberg** B. 1962 — Anilin

Abhang II F. 1956 — Aktionär I · Ablauf B. 1961 — Freiherr I

Abhang III F. 1961 — Aktionär · **Ansbach** Db. 1966 — Goldfisch II

Archimedes F. 1963 — Kledel · **Achat** F. 1970 — Steinpilz xx

Archivar F. 1970 — Goldregen

Absatz F. 1960 — Landeck · **Argentan** B. 1967 — Wohlan

Arsenik F. 1967 — Sender

Aderlass B. 1969 — Farina

Adrian (LH) Db. 1971 — Hansakapitän (Trak.)

Dampfroß-Linie

Diese Linie aus wertvollsten Trakehner Stämmen kam nach dem Zweiten Weltkrieg nach Hannover. Sie wurde hier in zwei verschiedenen Gruppen bedeutungsvoll: einmal über Absatz, zum anderen über Semper idem. Beide haben veredelt.

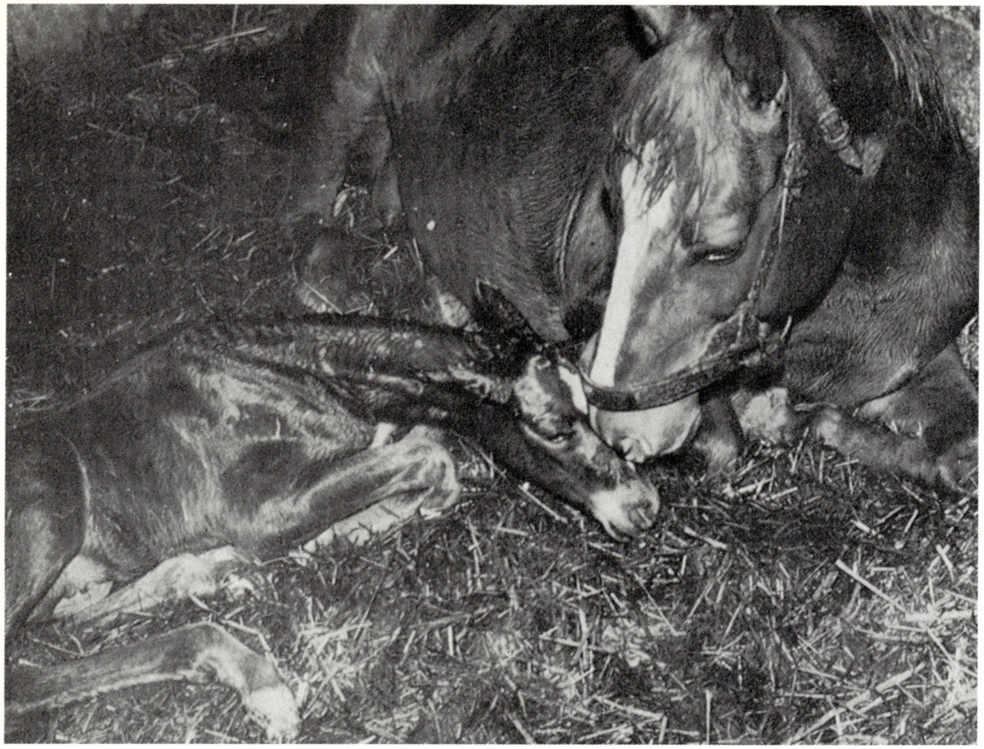

Sechs Dressurpferde von hervorragender Qualität brachte Abendlied v. Abendstern (Trak.) – Axel mit dem Celler Ldb. Der Löwe xx. Hier Lanzade bei der Mutter.

Vererbungs- und Leistungsstudium verbessern die Zucht

Züchterischen Leerlauf so gering zu halten als möglich, das ist einer der Grundsätze der hannoverschen Zuchtleitung. In regelmäßigen Vererbungsbesprechungen werden die Erbeindrücke über die Beschäler von der Stutenkommission, vom Leiter der Verdener Auktionen, vom Leiter der Hengstprüfungsanstalt Adelheidsdorf und vom Obersattelmeister des Landgestüts Celle zusammengetragen, diskutiert und bewertet zusammen mit dem Landstallmeister, der bei dieser Gelegenheit auch Vorschläge über eine Umstationierung bestimmter Hengste anhört.

Wie schwer es ist, in Fragen der Vererbung in relativ kurzer Zeit zu hinreichend gesicherten Begriffsbestimmungen zu kommen, bewies der Röttgener Vollbluthengst Der Löwe, der erst im 30. Lebensjahr das

Zuerst kam Leopardi, B. W., geb. 1966. Er ging als Spitzenpferd über Verden; im Training mit Susanne v. Lüneburg.

Danach Lanzade, B. St., geb. 1967. Sie erzielte einen hohen Preis in Verden unter Ullrich Kasselmann.

Lioness, F.-St., geb. 1968, als einzige in Fuchsjacke, brachte ebenfalls viel Geld bei der Auktion und kam zu schnellen Erfolgen in einem Dressurstall.

Lysias, B. W., geb. 1969, vielversprechend und in Verden gut bezahlt, gelangte nicht gleich in eine so klar vorgezeichnete Karriere, ist aber im Kommen.

Nach Lady Lou, B. St., geb. 1971, die schon M-Dressurprüfungen gewonnen hat, steht Leopardin (oben), B. St., geb. 1973, in Verden bereit.

Landgestüt Celle verließ. Dieser charaktervolle, harte, beinstarke und schulterquerbein-widerristgeprägte Beschäler gab anfangs hinsichtlich des Charakters seiner Nachkommen einige Rätsel auf. Als man aber lernte, richtig auf diese Pferde einzugehen, ergaben sich zahlreiche Leistungsspitzen auch in allen olympischen Disziplinen und verschiedene Medaillen. Interessanterweise brachte Der Löwe xx mit Töchtern des etwas sensiblen Trakehners Abendstern eine Reihe ganz besonders wertvoller Pferde, die leichter zu reiten waren als alle anderen. Hier hoben sich offenbar zwei Faktoren mit gewissen Schwierigkeiten auf.

Nur Rappen, Schwarzbraune und Braune ohne bemerkenswerte Abzeichen und einzelne Schimmel brachte stets im eigenen Typ der leider nur einige Jahre benutzte Velten xx, der in der kurzen Zeit seiner Tätigkeit mehr profilierte Leistungspferde internationaler Klasse für alle drei Disziplinen zeugte als manch renommierter Vererber in einem langen Leben. Zu seiner Zeit gab es noch keine Vererbungsbesprechung, sonst hätte Velten xx voraussichtlich noch lange Jahre gewirkt als einer der besten Vollblüter, die das hannoversche Zuchtgebiet je besessen hat. Sein Sohn Velit überschritt 1965 als erstes Verdener Auktionspferd die 30 000-DM-Grenze.

Der in Harzburg gez. Velten xx, schwb., geb. 1954 v. Ticino xx u. Vienenburg xx v. Alchimist xx, erwies sich als typdurchschlagender, hervorragender Leistungsvererber.

Varzin, db. W. v. Velten xx, Materialsieger und Dressurtalent; in das Ausland verkauft.

Von Velten xx stammt das Olympia-Reservepferd Van Eick, schwb. W., geb. 1962, des Stalles Neckermann, hier (unten links) als Auktionspferd unter Helga Köhler.

Military-Goldmedaille in der Mannschaft bei der EM in Kiew 1973: Virginia, schwb. St. v. Velten xx (oben), zusammen mit der Velten xx-Tochter Vaibl.

Vallado, schwb. W. v. Velten xx, auf oldenb. Mutterbasis gez., nach Afrika verkauft.

Zucht und Sport – gemeinsamer Fortschritt

Es war nicht immer selbstverständlich, daß Zucht und Sport in Hannover wirklich eng zusammengearbeitet haben. Seit dies aber geschieht, ist das hannoversche Pferd auf breiter, stabiler Basis international so sehr vorangekommen, daß es in den Pferdekreisen der Welt einen geradezu zündenden Namen hat. «Hannoveraner sind Weltmeister», das pfeifen die Spatzen von den Dächern, und das tragen Kinder und Erwachsene als brustdekorierendes Emblem auf ihren Shirts.

Die Substanz der Zucht, ihr ureigentlich hannoversches Element, ist nicht dem modernen Begriff ‹Deutsches Reitpferd› erwachsen, sondern ist jene Grundessenz, die Hannover berühmt gemacht hat und derer sich in- und ausländische Zuchten mit Vorliebe bedienen. Insofern wäre es auch auf den Gefilden sportlicher Bewährung nicht gerechtfertigt, wollte man die Erfolge des Hannoveraners lediglich unter einem bundesdeutschen Züchtersofa hervorlugen lassen.

Der Celler Hengstbestand rekrutiert sich aus dem staatl. Aufzuchtg. Hunnesrück und aus der Privataufzucht, die jährl. im November die Hengstkörung in Verden (links) bestreitet.

Auf hoher Stufe steht im Ldg. Celle auch die Fahrkunst vom Zweispänner über Tandem und Random bis zum Viererzug, wobei sich die Mehranspannung gelegentlich schon auf Dreizehnerzüge ausgedehnt hat.

Eindrucksvoll präsentieren sich die zweifachen Fahrschulen vom Sattel aus, die traditionsgemäß zu jeder Parade gehören. Die hier gezeigten Dunkelfüchse stammen aus der späteren Nachkriegszeit, als v. a. starke Knochen und massige Körper Trumpf waren.

Der erste dt. Reitersieg nach 1945: Helga Köhler auf Armalva (v. Armring I – Monsalvat xx), auch zweite auf Feuerland (v. Finnland I) in Bilbao 1952 (unten). Etwas später trat Jaspis (v. Kampfsport) mit Magnus v. Buchwaldt (unten Mitte) in das hochleistungssportliche internationale Geschehen. Und mit der Zeit, das brachten die reitsportliche Entwicklung – nicht zuletzt durch den Gradmesser der Verdener Auktionen – mit sich, sahen die Celler Beschäler immer moderner aus, wie hier (ganz unten) Marco Polo (v. Marconi).

Landgestüt (im Bild OSattelm. Paare), Züchterverband und Reiterei zogen an einem Strang. Immer mehr hochqualifizierte Hannoveraner . . .

. . . wie Laila (v. Lateran) mit Hans Günter Winkler (unten), Fregola, Skala, Olympiasiegerin Doublette, Fahnenjunker, Hochsprung-Rekordhalter Winzer, danach Exakt, Derbysieger Caesar oder Europameisterschaftspferd Cremona . . .

Aus so simplen und nichtssagenden Aussagen wie «Der Fuchs hat viel Schwung» wurde im Laufe der Zeit ein detaillierter Bewegungsablauf mit allen Kriterien einer Wertbestimmung für jede einzelne Gangart. Das Zusammenspiel der Kräfte geriet in die Waagschale, wo es hingehört, und so entwickelten sich Erkenntnisse und Begriffe, die endlich zu anderen Einstufungen führten, als dies noch längere Zeit bei den Zuchtformalisten der Fall war. Das Renommee des irgendwie über Weidezäune und Gräben springenden Jungpferdes verblaßte um das Maß, wie man lernte, echtere Faktoren für die Qualifikation zum Springpferd – wie Kopfklarheit, Reaktionsvermögen, Beintechnik, Rückenarbeit, Geschmeidigkeit oder ‹fünftes Bein› – zur Beurteilung heranzuziehen.
Sehr genau wurden die inneren Eigenschaften beobachtet, zumal in der Zuführung von Vollblut Pfeffer und Salz nicht immer auf das sparsamste würzten. Wie so oft war eine Schwarzweißmalerei hier genausowenig angebracht wie auch sonst im Leben. Der Löwe xx und Pik As xx beispielsweise, beide nicht unbedingt geeignet, Feld-, Wald- und Wiesenlieblinge für Tante Emma hervorzubringen, lieferten in größerer Zahl Leistungsgenies für Reiter, die ‹Geige spielen› konnten.

So wurde Hannover nicht uniform, sondern züchtete eine breite Palette, vom leichten Blutpferd bis zum Schwergewichtshunter, genau in der Zusammensetzung, wie dies die Reiterei brauchte, um individuell Geschmack und Verwen-

. . . Bachus (v. Baczyn xx) mit Alwin Schockemöhle (hier in Aachen), die zusammen auch das Springderby in Hannover gewannen, oder Fahnenkönig (v. Fahnenwald) mit Faco Goyoaga . . .

. . . der Publikumsliebling Pesgö (v. Pik As xx) unter Helga Köhler (ganz oben), der Olympiasieger Trux (v. Kamax – Falkner III) mit August Lütke-Westhues (oben, in Stockholm 1956) oder Freiherr (v. Floreat), der mit Renate Freitag und Alwin Schockemöhle (unten) außergewöhnliche Gewinne verbuchte, brachten das Markenzeichen ins Gespräch.

. . . Asbach (v. Anilin), das große Dressurpferd unter Josef Neckermann, Olympiasieger in Rom 1960 . . .

dungszweck dem vielfältigen züchterischen Angebot anpassen zu können. Beschäler wie Scholwin aber – groß, stark, wenig geschmeidig und ein wenig tumb unter dem Schopfe – gerieten ins Abseits, und die Erkenntnis, daß Hengst und Stute schon eine ganze Portion reiterlicher Qualitäten aufweisen müßten, setzte sich durch. Wenn auch anfangs nur in kleinen Schritten.

Mehr im Reitpferdtyp standen schon Hengste wie Wohlan (v. Wohlauf – Frustra II – Futurist I), heute hochbetagt noch in Hohnstorf stationiert . . .

. . . Wunsch II (v. Wöhler), der den Olympiasieger von 1976, Woyzeck, hervorgebracht hat und auch sonst gute Leistungspferde lieferte . . .

. . . und DLG-Siegerstuten, wie hier Elfenwache (v. Eindruck II), sahen auch schon moderner aus, wenngleich Schulter und Sattellage (vorgeschoben) immer noch zu wünschen übrigließen.

Auch den ‹Konstruktionsmerkmalen› wurde zunehmendes Interesse zuteil. Der Begriff ‹Gebäude›, reichlich starr, um die körperlichen Funktionen klar genug ansprechen zu können, wich mehr der Bezeichnung ‹Modell› und veranlaßte zu Überlegungen über Proportionen, Hebelungswinkel und Sattellage («. . . denn wo soll der Arme sitzen?»).

Es war inzwischen völlig eindeutig, daß nur noch das Reit-, Sport- und Hochleistungssportpferd Ziel jeder edlen Pferdezucht sein würde. Und so mußten schließlich auch die immer noch auf wirtschaftliche Formen bedachten Rückversicherer umdenken. Der Sattelgurt entfernte sich dank verbesserter Konstruktion von Querbein, Schulter und Widerrist zentimeterweise vom Ellbogen rückwärts. Man bekam das Pferd mehr vor sich.

Legendär wurde die hann. Springstute Armalva (links). Sie gilt auch heute noch als Inbegriff treuer, über sich hinauswachsender Leistungsbereitschaft. Sie gehörte viele Jahre zur dt. Equipe, hat 18 Nationenpreise erfolgreich mit bestritten und zahlreiche dt. Meisterschaften gewonnen, insgesamt 80 000 DM von 1948 bis 1963, in einer Zeit, da eine solche Summe höchst selten zusammengaloppiert werden konnte. 19j. startete Armalva zum letzten Mal in einem Preis der Nationen. In Kopenhagen mit zwei Null-Runden. Welches Springpferd wird heute noch so alt im Sport? Oder bleibt so lange jung? Dies liegt nicht an der Zucht. Vielmehr an der schonungslosen Einstellung der Reiterei.

Adel und Eleganz verdrängten Gemeines: Artischocke (v. Abendstern) und Falkland (v. Falk).

Der Typ der früheren ‹Verdener› Mutterstute (hier die Vollschwester der Hengste Flintenstein I–III) setzte sich wieder durch . . .

. . . ohne stramme Niere und noch reitpointierter, auch schöner – wie bei der DLG-Stute Sennermädel v. Sender (Dampfroß-Linie, Trak.) . . .

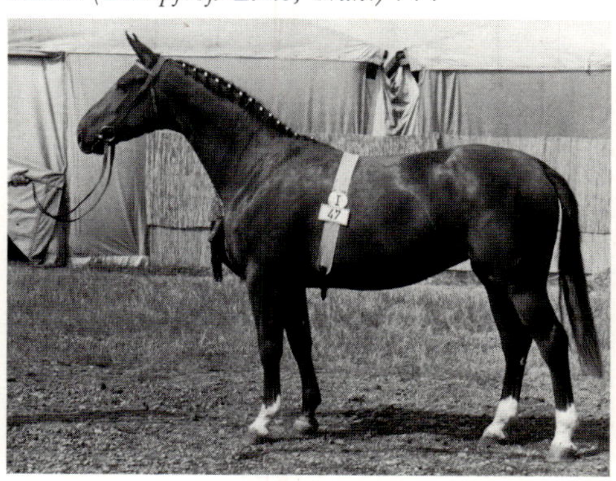

. . . oder bei Winzertraube v. Wohlauf (Futurist I-Linie), die als DLG-Siegerstute wirkungsvoll dazu beitrug, den Hannoveraner um 1960 zu etikettieren.

Verhältnismäßig klein und ohne größere Bedeutung erschien 2 1/2j. Wöhler, F., geb. 1950 v. Flügeladjutant u. Flozia v. Flotow – Joho – Ecco xx, 1952 auf der Hengstkörung in Verden. Aber er hatte eine gewisse Ausstrahlung und besaß sehr gute Proportionen. Ausgereift sah er dann imponierend aus und bewegte sich erstklassig, obwohl nur 159 cm Stockmaß im ausgewachsenen Zustand.

Die moderne Wissenschaft ist geneigt, nur noch den Eltern, höchstens aber den Großeltern, noch nennenswerte genetische Einflußmöglichkeiten zuzubilligen. In der hannoverschen Warmblutzucht gibt es zahlreiche Beispiele, die einer so vereinfachenden Auffassung entgegenstehen.

Die Mehrzahl der Nachkommen des bekannten Vererbers Wöhler sind ein Spiegelbild ihres Vaters, und dieser glich in keiner Weise seinen mütterlichen Ahnen Flotow, Joho und Schwarzenberg, sondern in erster Linie seinem Ur-Urgroßvater mütterlicherseits, dem Vollblüter Ecco xx, besonders im Typ und vielfach auch in den Abzeichen. Wöhler hat sich in seinen Nachkommen der braunen Farbe oftmals etwas deutlicher nach seinem braunen Vater, Flügeladjutant, gerichtet. Es ist hier also nachweislich ein Ahne (zumindest bei vielen Füchsen) in fünfter Generation gravierend wirksam geworden, obwohl es nach den heutigen Theorien sehr viel näher hätte liegen müssen, daß so grobe Gesellen wie Flotow und Joho die Vererbung von Wöhler bestimmten.

In Wöhlers Ahnenkette ist es der Vollblüter Ecco (unten), der vornehmlich dessen Vererbung bestimmte.

Deutlich ist dies an dem Wöhler-Sohn Westpoint (unten) zu erkennen; der Fuchs hat viel von Ecco xx.

Der Wöhler-Sohn Wigwam (unten) ist ein weiteres Beispiel dafür, daß sich Wöhler durchschlagend, überwiegend in Ecco-Typierung, vererbte.

Typische Vererbung eines Wöhler-Der Löwe xx-Nachkommen: Wohlklang lieferte Wallwitz (unten), im Besitz des Dt. Olympiade-Komitees für Reiterei.

Wöhler-Sohn Westminster, Vollbruder des Celler Ldb. Woermann, aus einer Marabou xx-Tochter gez., hoffnungsvoller Dressurnachwuchs in Bayern.

Almarich, 165 cm, F., geb. 1924 v. Almenrausch I u. Epistel v. Erlkönig (Ostpr.) – Nelusko – Optimist – Flenheim.

Flotow, 165 cm, B., geb. 1925 v. Flavius u. Norlita v. Negustro II – Alnok – Jarl.

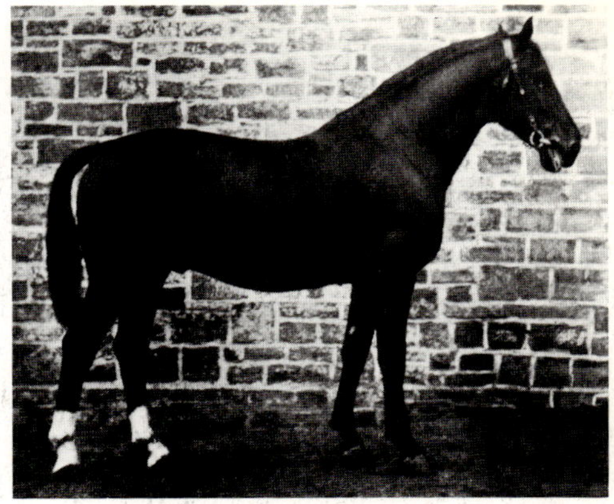

Schwabenkind, 165 cm, B., geb. 1921 v. Schwabenprinz u. Kirgline v. Kirkland – Colorado (Beberbeck) – Angelo – Pilot.

Besetzung einer Deckstation: Badbergen 1938 und 1977

Ein Zeitraum von fast 40 Jahren trennt die hier ins Bild gesetzte Besetzung der Deckstation Badbergen von einst zu jetzt. Selbst Weingau, der als robuster Kaliberhengst gilt, wirkt gegen die Matadoren von früher edel und elegant, auch nicht so übertrieben kurzbeinig. Die beiden anderen Hengste kommen buchstäblich aus einer anderen Welt. Die Besetzung beider Jahre ist hier nicht vollständig wiedergegeben, das Wesentliche der Besetzungen wird jedoch deutlich.

Joho (unten), 167 cm, R., geb. 1930 v. Journalist u. Magalla v. Marocco (Ostpr.) – Schwabenstreich – Geßler (Ostpr.) – Süd – Thorschreiber.

Nomade, 165 cm, F., geb. 1970 v. Novum xx u. Seeglück v. Sellhorn – Feudal II – Fermor I – Alderman I – Ortolan.

Weingau, 164 cm, B., geb. 1954 v. Weiler u. Goldfront v. Goldfisch II – Florett – Khedive – Norius – Piccolomini xx.

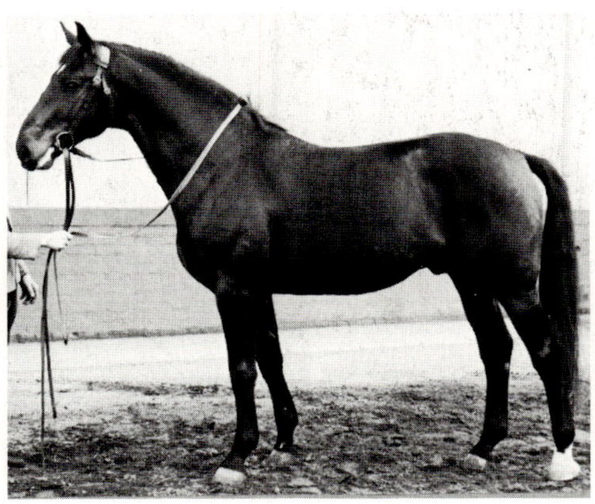

Leopard (unten), 166 cm, F., geb. 1972 v. Lugano I a. d. Wesernixe v. Weiler – Lugano I.

Veredelung durch Spezialblut

Vollblüter – Araber – Trakehner

Je kontinuierlicher der hannoverschen Zucht in wohlabgewogener Weise Veredelungsblut zugeführt wurde, um so weniger schwankte sie zwischen den Extremen ‹zu edel, zu leicht› und ‹zu stark und zu gemein›. Ohne Spezialblut ist der Hannoveraner nicht denkbar. Das richtige Rezept dürfte endgültig gefunden sein – zumal die solide Mutterstutenbasis erhalten geblieben ist, die in der ganzen Welt nicht ihresgleichen hat.

Zutaten aus Trakehnen: Dampfroß (oben) und Tempelhüter, Parsival und Astor, Pythagoras, Lateran (unten, ganz rechts) und Abglanz . . .

. . . haben in jüngerer Zeit die hann. Zucht nennenswert beeinflußt. Mit der Mutter des Senator (rechts unten), Allerweltskleid v. Alljeder (rechts), hatte es Semper idem (Trak.) v. Dampfroß nicht ganz einfach hinsichtlich Typ, Adel und Eleganz. Bei aller Derbheit und Wucht kommt da ein Typ wie Athanas (unten), Ldb. Celle 1912–17, in seiner ganzen Pointierung einer Veredelungsmöglichkeit (vgl. prinzipiell Lateran, Trak., v. Helikon) schon näher.

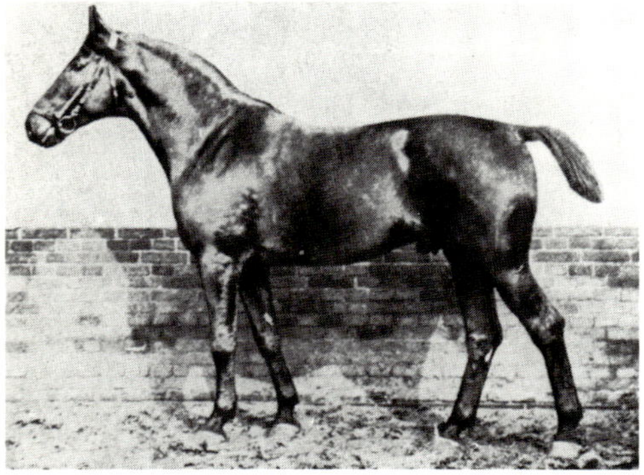

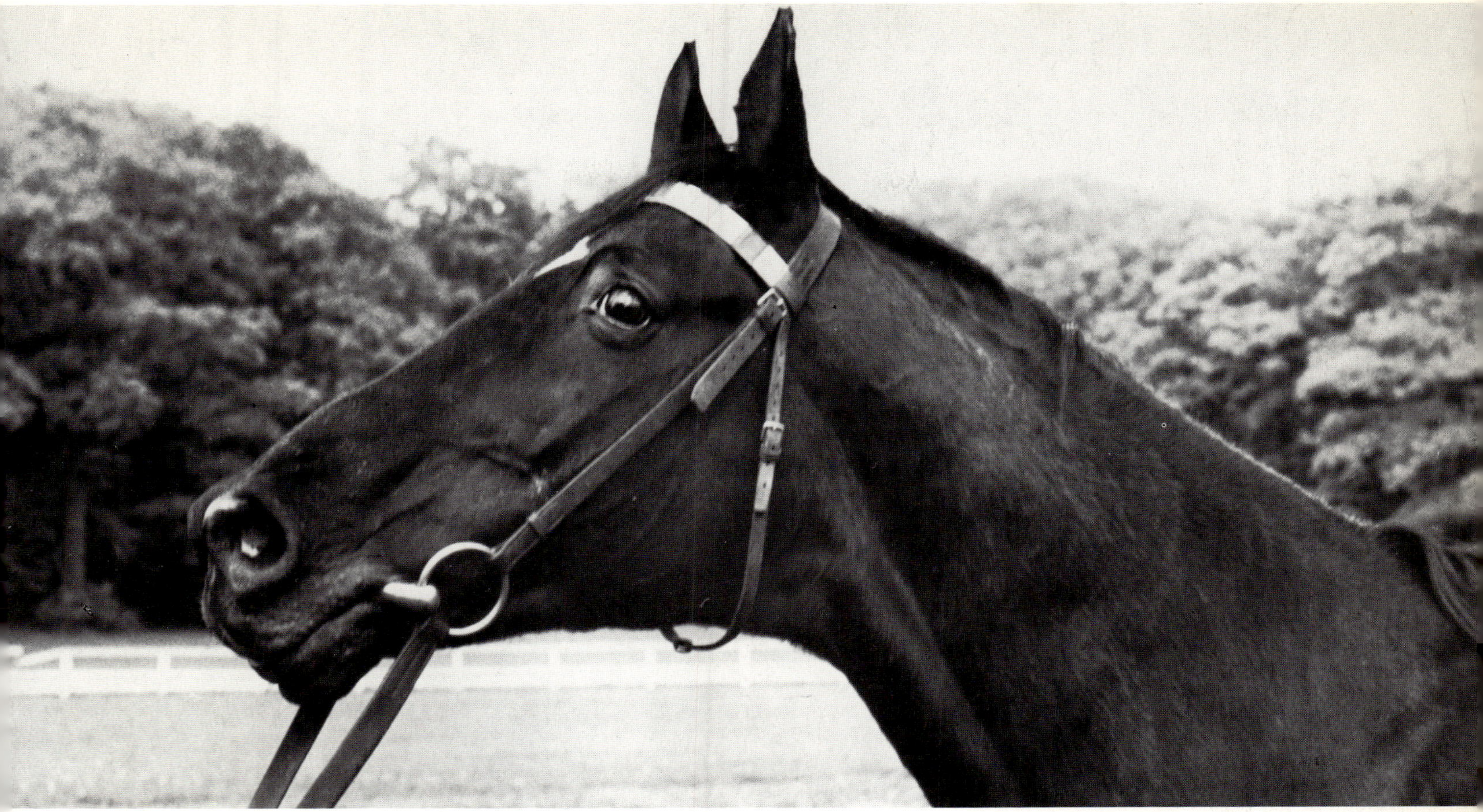

Der Röttgener Vollbluthengst Der Löwe xx, db., geb. 1944 v. Wahnfried u. Lehnsherrin v. Herold, gehört zu den besten Veredelungshengsten, die Celle je hatte. Der Löwe xx deckte in Celle bis 1973. Gewinnsumme seiner Nachkommen: rd. 600 000 DM.

Trakehner Veredelung: Fohlen von Abendstern (Trak., v. Poseidon) a. e. Stute v. Feldherr (Hann.) – Förster (v. Feiner Kerl).

Vom Vollblut werden Adel, Härte, Geschmeidigkeit, Leichtfüßigkeit, überhaupt Reitpoints und sportliche Leistungsfähigkeit erwartet. Im Bild (links) der Schlenderhaner Daimyo xx, Ldb. Celle.

Vollblutveredelung: Futurist I, B., geb. 1933 v. Flak u. Christinchen v. Christian de Wet xx; DLG-Siegerhengst und Vater von 27 Beschälern und 158 Stb.-Töchtern. Gewinnsumme seiner Nachkommen: 112 387 DM.

Stempel-Hengste in der hannoverschen Zucht

Galopin xx

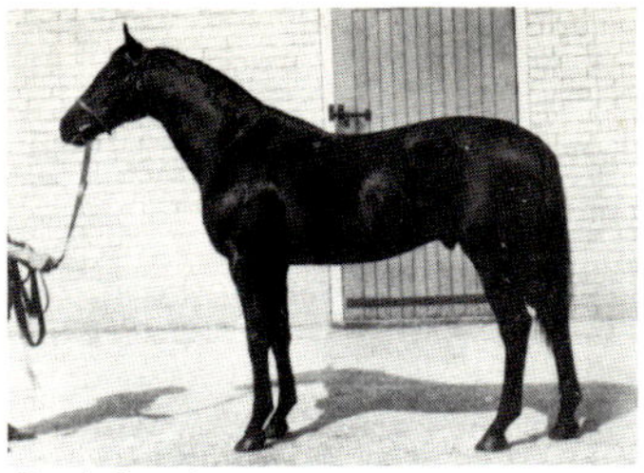
Rock Sand xx

St. Simon xx

Tracery xx

Flamboyant xx

Wahnfried xx

Fervor xx

Lehnsherrin xx

Galtee More xx

Herold xx

Ard Patrick xx

Dark Ronald xx

Der Löwe xx

Der Name Der Löwe paßte zu diesem Hauptbeschäler genau. Er war herrisch in seinem Auftreten und geschmeidig und kämpferisch in der Art einer Wildkatze. Dies alles jedoch kultiviert und im übertragenen Sinne. Wer diesen Hengst sah, vergaß ihn nicht. Besonders sein Auge verriet einen starken Charakter.

Der Löwe xx (unten), schwb., 159 cm, geb. Röttgen 1944, Ldb. Celle 1951–73. 8 Beschäler, 129 HStb.-St., 264 Turnierpferde. Nachk.-Gew.-Summe rd. 600 000 DM.

Wahnfried	Flamboyant	Tracery	Rock Sand v. Sainfoin
			Topiary v. Orme
		Simonath	St. Simon v. Galopin
			Philomath v. Philammon
	Winnica	Kottingbrunn	Pardon v. Morgan
			Komamasszony v. St. Serf
		Orsza	Gouvernant v. Flying Fox
			Tempete v. Dunure
Lehnsherrin	Herold	Dark Ronald	Bay Ronald v. Hampton
			Darkie v. Thurio
		Hornisse	Ard Patrick v. St. Florian
			Hortensia v. Ayrshire
	Lapis Electrix	Fervor	Galtee More v. Kendal
			Festa v. St. Simon
		Leben und Leben lassen	Marta Santa v. Martlen
			Line of Life v. Sweetheart

Seine riesige Schulter mit langem Querbein und langem Widerrist gab Der Löwe xx auch seinen Söhnen Lugano I...

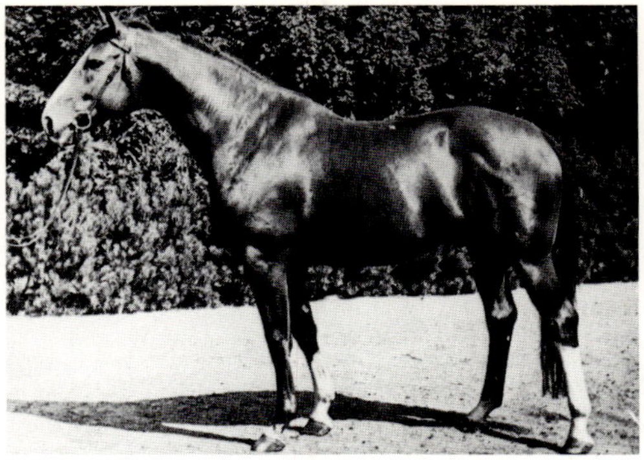

... und Lugano II mit, beide in bemerkenswertem Rahmen und von wertvoller Vererbung.

Auch der Lugano I-Sohn Lukas zeigte sich als renommierter Vererber, ging aber früh ein.

Fast dreißig Jahre alt war Der Löwe xx, als er – immer noch –, in großer Pose und nach Stuten rufend, im August 1974 den Hof der Tierärztlichen Hochschule in Hannover betrat. Sein Skelett, im Besitz des Deutschen Pferdemuseums, zeigt deutlich die ganz großen Bewegungshebel dieses legendären Hengstes.
Seine Vitalität und seinen Kampfgeist hat er getreulich vererbt. Auch seinen Stolz. Die «Löwen» muß man kennen und sie zu behandeln wissen. Könner von ausgewogener Ruhe und klarer Bestimmtheit hatten zu keiner Zeit nennenswerte Schwierigkeiten mit ihnen. Laue Inkonsequenz oder laute und grobe Vortäuschung menschlicher Überlegenheit wird meist augenblicklich hart quittiert.
Kein anderer Vollblüter der Nachkriegszeit ist von gleicher Bedeutung. Abgesehen von Pik As xx und Marcio xx in ähnlicher oder anderer Art.

Der Löwe xx brachte alle Farben, aber man kann bei ihm nicht sagen, daß eine von ihnen mit besonderen Erbwerten verbunden gewesen sei. Löwen sind Löwen. Unverkennbar und nicht zu verwechseln.

Herrliche Der Löwe xx-Töchter gingen in die Zucht und in den Sport wie Las Canteras, hier als Verdener Auktionspferd.

Der Löwe xx-Kinder wurden Olympiapferde in allen Disziplinen. Hier der großartige Liostro mit Karin Schlütter...

... der erst unter schwed., dann in Montreal 1976 unter holl. Flagge gehende Lucky Boy...

... und der in die USA verkaufte Leopardi, der wie Lucky Boy Verdener Auktionspferd war und in Übersee zur Olympiaklasse zählt.

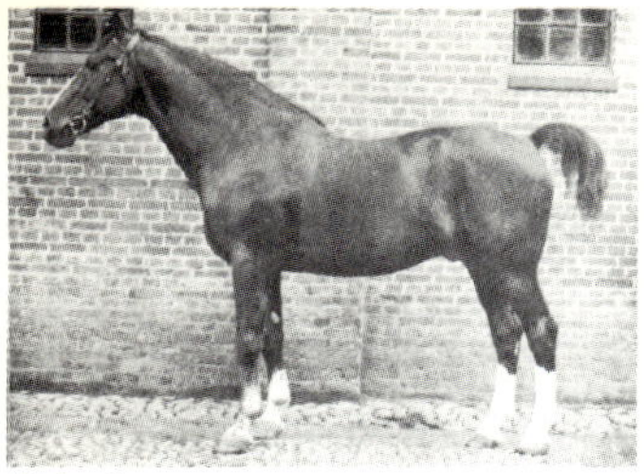
Nelusko

Feiner Kerl

Colani

Kirkland

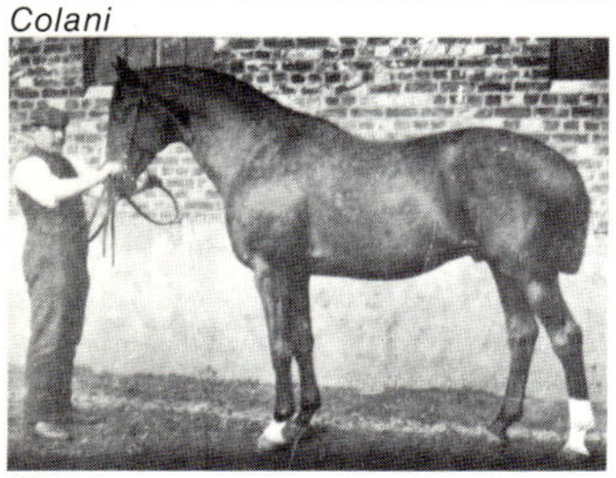
Aland

Ferrara

Insulaner

Helgoland

Colorist

Halt

Alnok

Honorat

Ferdinand

Es hat langer Jahre bedurft, bis der berühmte Ferdinand sich einen Namen erwarb. In jüngeren Jahren machte er wenig her, war dünn im Hals, spitz und unbemuskelt in der Kruppe und von geringer Tiefe. Sein Stationswechsel von Landesbrück nach Frankenburg bewirkte besonders in Feo-Anpaarungen eine Reihe interessanter Produkte, die, volljährig, im Springsport international wurden. Zuerst der Olympiasieger Ferdl.

Ferdinand (unten), B., 164 cm, geb. Hann. 1941, Ldb. Celle 1944–67. 1967 als Beschäler nach Piber. 8 Beschäler, 152 HStb.-St., 188 Turnierpferde. Nachk.-Gew.-Summe 1 050 428 DM.

Ferrara	Feinschnitt I	Feiner Kerl	Fling v. Flingarth
			Kebansa v. Kirkland
		Abisira	Aconit v. Alderman I
			Narbada I v. Nelusko
	Arlenda	Alcantara I	Aland v. Alnok
			Cholrinde v. Colorist
		Conil I	Colani v. Colorado
			Nerita v. Nording
Herzenskind	Helgoland I	Halt	Honorat v. Honorius
			Aleit v. Alnok
		Arfella	Aland v. Alnok
			Stute v. Colorist
	Irland	Indigo	Phantast v. Apis
			Insulte v. Cannibale
		Onerdina	Oberamtmann v. Ocko
			Antonie II v. Ansow

Zu den zahlreichen Springassen brachte Ferdinand gegen Ende seiner züchterischen Laufbahn nach wertvollen Mutterstuten drei bemerkenswerte Beschäler. Wendepunkt (oben) v. Wendekreis ist schon ein Enkel von ihm.

Seine Söhne Wedekind (oben) und Winnetou (oben rechts) sowie Wendekreis sind Produkte seiner dritten Zuchtepoche, Baljerdorf. Ihre Mütter stammen von Athos, Goldfisch II und Domspatz.

Auch in der Dressurreiterei sorgte Ferdinand für eine Spitze: unten Olympiasieger Mehmed (Dr. Reiner Klimke). Darunter das Springpferd Faustus (Hendrik Snoek) und ganz unten der Privatbeschäler Fürst Ferdinand, der jetzt in Holland deckt.

Ferdl, B.W., geb. 1953, Verdener Auktionspferd, wurde unter Alwin Schockemöhle zum Prototyp des internationalen Springpferdes, ähnlich den besten Springpferden der Kavallerieschule Hannover.

Der berühmte Nelusko und der Vererbungsstar Ferdinand, im Geburtstag 43 Jahre auseinander, kamen aus demselben Mutterstamm vom Bauernhof der Familie Hansing in Fleeste Kr. Wesermünde.
Ferdinand stand im Typ des moderneren Hannoveraners und war als Reitpferd mehrere Jahre Mitglied der großen Dresurquadrille in Celle. Nach Agram war er einer derjenigen Vererber, die mit hoher Wahrscheinlichkeit weit überdurchschnittliche Springanlagen auf ihre Nachkommenschaft übertrugen. Hierzu gehören u.a. auch Lateran, Gotthard, Domspatz, Don Carlos sowie einige Vertreter des Senator-Bluts.

Die Söhne des ersten Gewinnsummen-Millionärs in der Warmblutzucht, Ferdinand, setzen die Springvererbung ihres Vaters fort, so daß sich hier ein roter Faden spinnt, etwas verhältnismäßig Seltenes. Insofern nimmt es auch nicht wunder, daß das Ferdinand-Blut hoch im Kurs steht. Ferdinand selbst war reinerbig braun. Er machte also niemals Füchse.

Khedive

Defilant

Alnok

Detektiv

Alderman I

Dolman

Schumann

Lorlot

Jassy I

Florett

Jasperding

Fling

Duellant

Duellant kam 3j. auf die Deckstation Landesbrück in Kehdingen – als Zugabe, da verhältnismäßig klein und wenig bedeutend, während sein Jahrgangsgefährte Anselmo als Star dort aufkreuzte. Nach einigen Jahren sah die Sache ganz anders aus. «Dully» wurde der große Vererber. Weit über Hannovers Grenzen hinaus.

Duellant (unten), F., 163 cm, geb. 1943, Ldb. Celle 1946–65. 33 Beschäler, 197 HStb.-St., 190 Turnierpferde. Nachk.-Gew.-Summe 419 839 DM.

Dolman	Detektiv	Desmond	Defregger v. Defilant
			Jabe v. Jasmund
		Kalabaka	Khedive v. King
			Concette v. Cornelius
	Aussicht	Alderman I	Alnok v. Adeptus xx
			Germanna v. Gessler
		Orangenblüte	Ordensritter v. Eldo
			Stute v. Alnok
Forstweihe	Foliant	Florett	Fling v. Flingarth
			Kabunda v. Kingcraft I
		Ammeke	Alcantara I v. Aland
			Lomine v. Lorlot
	Schnepfenjagd	Schumann	Sheridan v. Sherif
			Stute v. Schulemann
		Jempera	Jassy I v. Jasperding
			Callera v. Colonel

Von seinem Vater Dolman hatte Duellant das Stichelhaar in der Fuchsjacke geerbt. Er sparte auch nicht mit der Weitergabe auffallender Abzeichen. Er war nervig, ehrgeizig und ungemein eitel. Sein Gesicht war nicht klein, aber sympathisch, wie dieser Hengst überhaupt eine große Verehrung genoß.

Die Züchter Kehdingens haben ihm auch so einiges zu verdanken: teure Fohlen, wertvolle Beschäler, erstklassige Mutterstuten und zahlreiche Hochleistungs-Sportpferde bis hin zu Olympiasiegern. Im Fundament meist stark, hatten manche «Dully»-Nachkommen etwas gallige Sprunggelenke. Auch wurden viele erst später trocken in der ganzen Struktur. Nahezu ausnahmslos glänzten die «Duellanten» durch hervorragende Trabbewegungen, die sich der Pferdeheros selbst bis ins hohe Alter (22) bewahrte.

Duellant-Enkel Diplomat (v. Duft I – Senator), DLG-Siegerhengst und Vater mehrerer Spitzenpferde.

Duellant (oben) mit seinen Söhnen Duft I und Duft II (schmale Blesse), die wertvolles Zuchtmaterial und auch Turnierpferde liefern.

Duellant-Enkel Donald Rex (v. Durban), Olympia- und Weltmeisterschaftspferd von Alwin Schockemöhle (rechts oben).

Duellant-Kinder Doublette (links) mit Rosemarie Springer beim Olympia-Grand Prix in Rom 1960 und Dux (rechts) mit Dr. Reiner Klimke, zweifacher Olympiasieger in Montreal 1976.

Tempelhüter

Dampfroß

Pirat

Termit

Poseidon

Abglanz

Schlingel

Landeck

Shagya ox

Lanzer

Commandeur

Lancelot xx

Absatz

Die geradezu unwahrscheinliche Typtreue der Trakehner Fuchsherde ist über viele Abglanz-Nachkommen in Hannover verbreitet worden. Durch Absatz am überzeugendsten. Dieser Starvererber hat von Anfang an gebracht, was man von ihm erwartete. Seine Deckliste ist seit Anbeginn ausgebucht bis zur Sperrgrenze von 100 Stuten.

Absatz, F., 164 cm, geb. 1960, Ldb. Celle seit 1964. Bislang 12 Beschäler, 107 HStb.-St., 131 Turnierpferde. Nachk.-Gew.-Summe 61 400 DM.

Abglanz	Termit	Hyperion	Dampfroß v. Dingo
			Hypothese v. Haselhorst
		Technik	Tempelhüter v. Perfectionist xx
			Tageskönigin v. Shilfa xx
	Abendluft	Poseidon	Pirat v. Tempelhüter
			Polanka v. Fischerknabe
		Abfahrt	Pirol v. J. Pilot
			Appam v. Polarfischer
Landmoor	Landeck	Lanzer	Lancelot xx v. St. Maclou xx
			Gabota v. Goldschläger I
		Alexina	Albeck v. Alkoven I
			Anaka v. Anakreon
	Schlinka	Schlingel	Shagya XVII-12 ox v. Shagya XVII ox
			Fassa v. Flingarth
		Calka	Comenius v. Commandeur
			Adicuta v. Aladar

Der Typ ist immer da: Absatz-Sohn Aderlaß (oben; Ldb. Celle), Absatz selbst (unten) im Profil, Abglanz-Sohn Archimedes (darunter) und Abglanz (ganz unten). Diese Typtreue durch Generationen hat hochkarätigen Wert in jeder Pferdezucht.

Als New Look bezog Absatz 1964 die Deckstation Otersen im Kreis Verden. Sein Charme, sein Auftreten und seine Bewegungen faszinierten, als er im gleichen Jahr auf der Verdener Auktion debütierte. Seither steht er mit im Mittelpunkt des züchterischen und nun auch schon des reitsportlichen Geschehens. Er vererbt treu sich selbst, am besten in Anpaarung edlen Blutes.

Absatz-Töchter, am rechten Flügel ihre Mutter Worms (v. Wohlan), bei einer Parade von 28 Absatz-Nachkommen anläßlich einer Großen Abendveranstaltung in der Verdener Niedersachsenhalle.

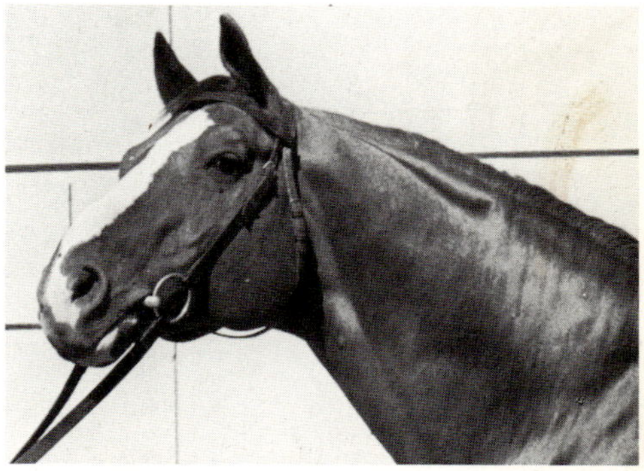

Champion: Absatz-Sohn Airolo (unten), bedeutender Dressurnachwuchs im Stall Tempelmann, Essen. Darunter: die Abglanz-Söhne Abhang I (links) und II (rechts), Wertbegriffe der hann. Zucht.

Zusammen mit dem 1941 in Trakehnen geborenen früheren Celler Landbeschäler Keith paradierte er im Mai 1974 im Verdener Stadion vor der feierlich enthüllten Bronze seines großen Ahnen Tempelhüter. Vieles spricht dafür, daß Absatz nicht nur vorübergehenden Einfluß nimmt. Seine Prägung ist zu eindeutig. Seine Anpaarungsmöglichkeiten sind nahezu unbegrenzt.

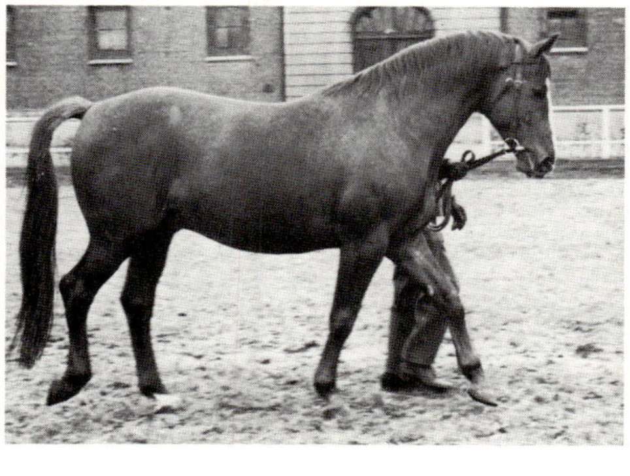

Der Substanz-Hannoveraner ist hauptsächlicher Träger der Weltgeltung seiner Zucht. Sein Geheimnis liegt in leichtfüßiger, elastischer Bewegung, in gutmütiger Einstellung, in zuverlässiger Leistung und in vielseitiger Einsatzmöglichkeit. Wie dieser Don Carlos-Goldfalk-Sohn, geb. 1974, der in der Hengstprüfungsanstalt Adelheidsdorf auf die Beschälerprüfung vorbereitet wird.

Der Zucht-Stabilität auf den Grund gegangen

Daß die hannoversche Zucht in ihrer mehr als 200jährigen Entwicklung immer up to date war, daß sie dies in besonderem Maße vor allem heute ist, ja es überhaupt eein kann, ist eine Untersuchung wert. Die Gründe liegen eindeutig in der Beharrlichkeit des die Zucht tragenden bäuerlichen Elements, zuvor in der das Gemeinwohl über alles stellenden Königlichen, dann Preußischen Gestütverwaltung, und ebenso in der durch den Landstallmeister von Celle maßgeblich beeinflußten Zuchtförderung. Heute ist es der Verband hannoverscher Warmblutzüchter, der in enger, harmonischer Zusammenarbeit mit dem Landgestüt Celle, dem Landesreiterverband und den Züchtern der «Wohlfahrt des Landes» dient.

Abschiedsparade der Auktionspferde in der Verdener Niedersachsenhalle, wo sich einschließlich der Fohlen-Eliteauktionen und der Zuchtabsatz-Veranstaltungen viermal im Jahr die internationale Zucht- und Reiterwelt ein Stelldichein gibt.

Bekanntmachung.

In Gemäßheit des §. 4 der Verordnung vom 30. October v. J., wegen Abänderung der Verordnung vom 27. April 1844 das Halten von Zuchthengsten durch Privatpersonen betreffend, wird von der unterzeichneten Behörde nachstehend das Verzeichniß der Besitzer der von der Köhrungs-Commission des Landdrosteibezirks für das Jahr 1861 zugelassenen Privat-Zuchthengste und der für die einzelnen Hengste bestimmten Aufstellungsorte zur öffentlichen Kenntniß gebracht.

Lüneburg, den 23. Januar 1861.

Königlich Hannoversche Landdrostei.

G. L. v. Torney.

Verzeichniß

der Besitzer der von der Köhrungs-Commission des Landdrostei-Bezirks für das Jahr 1861 zugelassenen Privat-Zuchthengste und der für die einzelnen Hengste bestimmten Aufstellungs-Orte.

Lauf. №	Namen des Besitzers des Hengstes.	Wohnort des Besitzers des Hengstes.	Obrigkeitlicher Bezirk.	Bezeichnung des Hengstes.	Ort, wo der Hengst zum Bedecken aufgestellt werden soll.
1	Wolf.	Bleckede.	Amt Bleckede.	Brauner Hengst, beide Hinterfüße weiß, linker Vorderfuß etwas weiß, 4 Jahre alt, vom Crab aus einer Donald-Stute, 5′ 3″ hoch.	Bleckede.
2	Schuchard.	Walmsburg.	" "	Fuchshengst mit Blesse, rechter Hinterfuß weiß, vom Boradil, Mutter vom Allegro, 6 Jahre alt, 5′ 5″ hoch.	Walmsburg.
3	Derselbe.	"	" "	Brauner Hengst mit Stern und 3 weißen Füßen, 7 Jahre alt, 5′ 7″ hoch.	Walmsburg.
4	J. H. Steinckemeyer.	Hänigsen.	" Burgdorf.	Hellbrauner Hengst mit Blesse und 4 weißen Füßen, vom Client, 12 Jahre alt, 5′ 5″ hoch.	Hänigsen.

Wo eine Pferdezucht wie die hann. gedeihen sollte, mußte Ordnung herrschen. Es wurde nichts dem Zufall überlassen. In diesem Zusammenhang war die Deckerlaubnis der Privathengste in Hannover schon um die Mitte des 19. Jh.s unmißverständlich amtlich geregelt.

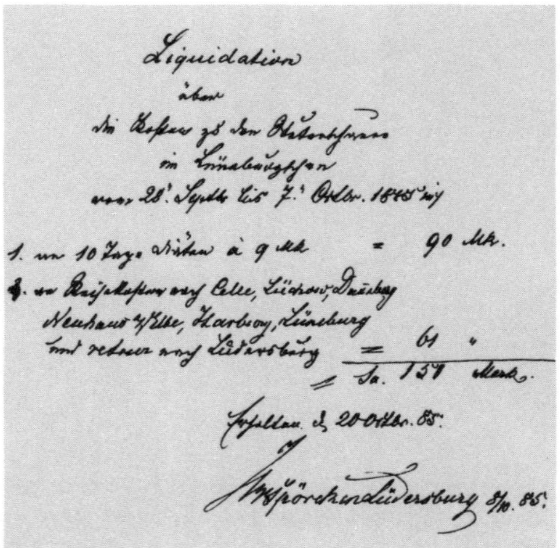

Liquidation
über
die Kosten zu den Stutenschauen
im Lüneburgischen
vom 28. Septb. bis 7. Oktbr. 1885 incl.

1. an 10 Tage Diäten à 9 Mk = 90 Mk.
2. an Reisekosten nach Celle, Lüchow, Dannenberg, Neuhaus a/Elbe, Harburg, Lüneburg und zurück nach Lüdersburg = 61 "
Sa. 151 Mark.

Erhalten d. 20 Oktbr. 85.

Spörcken Lüdersburg 8/10. 85.

Es gab weder Schreibmaschinen noch Computer. Und so mußte auch ganz simpel Baron v. Spörcken handschriftlich zu Papier bringen, was er an «Diäten» geltend zu machen hatte.

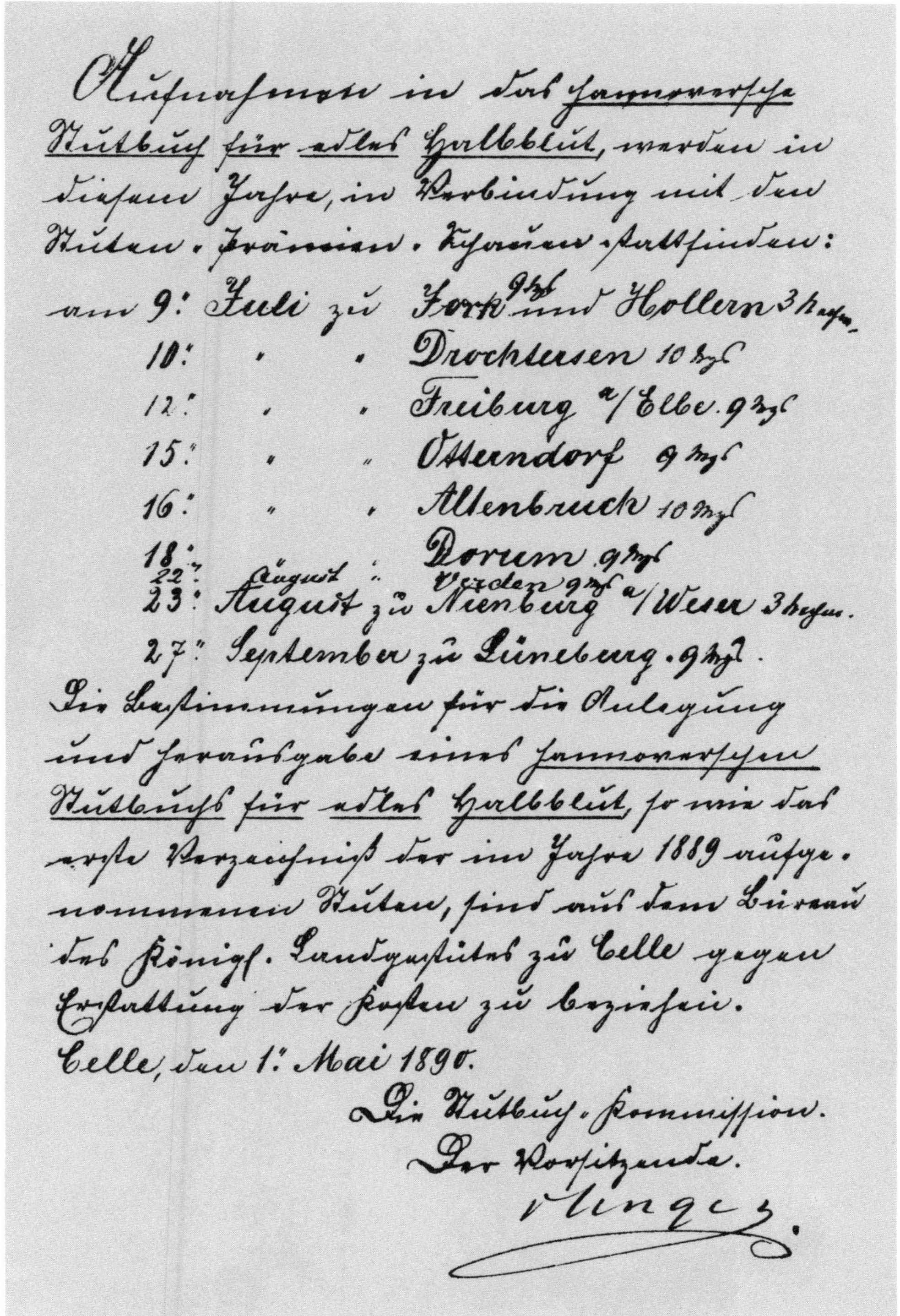

Aufnahmen in das hannoversche Stutbuch für edles Halbblut, werden in diesem Jahre, in Verbindung mit den Stuten-Prämien-Schauen stattfinden:

am 9. Juli zu York und Hollern 3 Uhr Nachm.
10. " " Drochtersen 10 Uhr
12. " " Freiburg a/Elbe 9 Uhr
15. " " Otterndorf 9 Uhr
16. " " Altenbruch 10 Uhr
18. " " Dorum 9 Uhr
22. August : Verden 9 Uhr
23. August zu Nienburg a/Weser 3 Uhr Nachm.
27. September zu Lüneburg 9 Uhr.

Die Bestimmungen für die Anlegung und Herausgabe eines hannoverschen Stutbuchs für edles Halbblut, so wie das erste Verzeichniß der im Jahre 1889 aufgenommenen Stuten, sind aus dem Bureau des Königl. Landgestüts zu Celle gegen Erstattung der Kosten zu beziehen.

Celle, den 1. Mai 1890.

Die Stutbuch-Kommission.
Der Vorsitzende.

Der Ldstm. legte um die Jahrhundertwende die Termine für die Stutbuchaufnahmen fest. Dies ist heute eine Angelegenheit des Züchterverbandes.

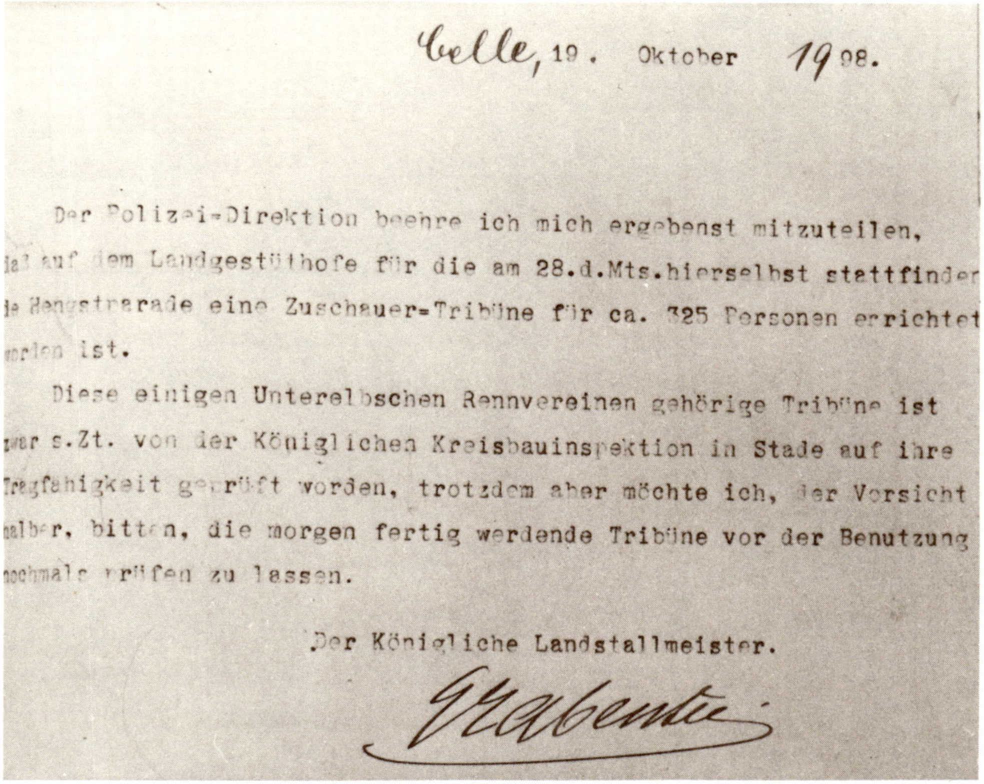

Celle, 19. Oktober 1908.

Der Polizei-Direktion beehre ich mich ergebenst mitzuteilen, daß auf dem Landgestüthofe für die am 28.d.Mts. hierselbst stattfindende Hengstparade eine Zuschauer-Tribüne für ca. 325 Personen errichtet worden ist.

Diese einigen Unterelbschen Rennvereinen gehörige Tribüne ist zwar s.Zt. von der Königlichen Kreisbauinspektion in Stade auf ihre Tragfähigkeit geprüft worden, trotzdem aber möchte ich, der Vorsicht halber, bitten, die morgen fertig werdende Tribüne vor der Benutzung nochmals prüfen zu lassen.

Der Königliche Landstallmeister.

Soweit dies zu verfolgen ist, ziehen sich Gründlichkeit (links) und Sparsamkeit wie ein roter Faden durch die Arbeit des Ldg. Celle und des Züchterverbandes. Man hat es immer verstanden, hervorragende Fachleute und Persönlichkeiten ehrenamtlich oder von Berufs wegen mit der Verantwortung zu betrauen. – Auch eine gewisse Public relation war damals schon nicht ganz unbekannt, wenn man diese Postkarte (unten links) betrachtet.

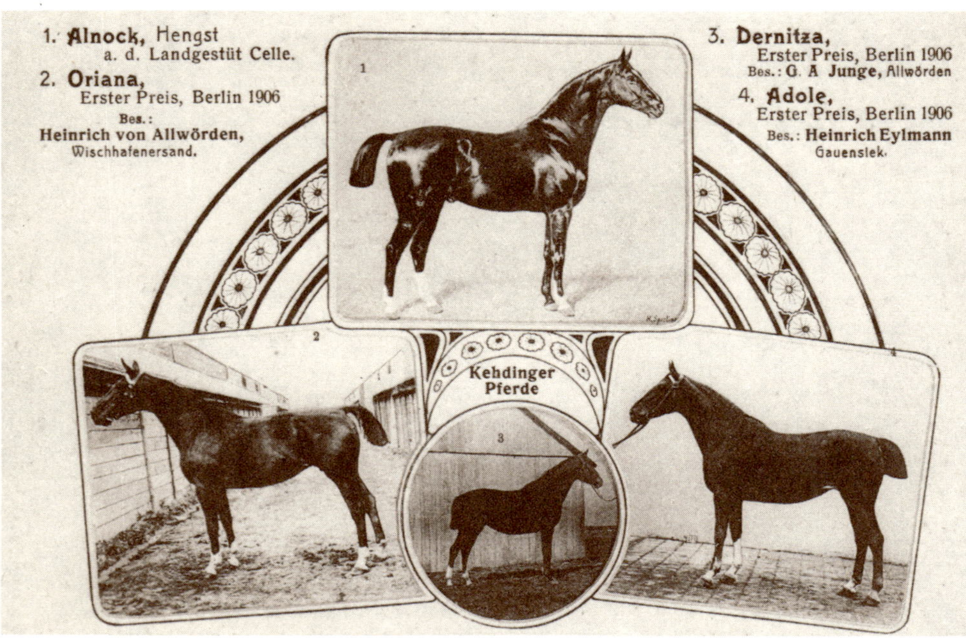

Die heute rd. 80 Jahre bestehenden Hengstvorführungen in Celle waren damals erste Werbemaßnahmen nach außen und die Züchter anregende Schauen nach innen. Wie diese dreifache Fahrschule (links) mit noblen hann. Kaliberhengsten. – Erste Anfragen nach hann. Pferden aus dem Ausland, sogar aus Übersee (unten), ergingen schon vor dem Ersten Weltkrieg. Damals war noch das Ldg. Celle dafür zuständig. Heute gehört dies in die Zuständigkeiten des Züchterverbandes.

Große Pferde-Ausstellungen in Berlin, Leipzig oder Chicago hatten um die Jahrhundertwende eine Begegnung unter den Zuchtgebieten ermöglicht. Hieraus hatte man vergleichen gelernt und sich teils auch den internationalen Zuchtstand zu Gemüte geführt. Hannover hatte festgestellt, daß es in Kaliber und Derbheit seiner wuchtigen, ziemlich einheitlichen Zuchtprodukte an die Grenze dessen gelangt war, was noch den allgemeinen Vorstellungen entsprach. Trakehnen und Ostpreußen glänzten besonders auf diesen Veranstaltungen. Sie zeigten sich als Prototypen des Reitpferds, vielfach aber auch noch schwer genug, in der Landwirtschaft ihren Dienst zu tun.
Fachleute, die von beidem etwas verstanden, von der Zucht und von der Reiterei, drängten darauf, daß sich die mit einem Richteramt betrauten Herren klar darüber werden müßten, nicht allein nach rein wirtschaftlichen oder rein reiterlichen Formerscheinungen rangieren zu dürfen, sondern die Points ins Auge zu fassen, die beiden Grundverwendungsarten zuträglich seien. Bei den hannoverschen Pferden wurden negativ bewertet: große Köpfe mit kleinem Auge, dicke Genickformung, Mangel an Widerrist und Schulter und Mangel an elastischer Fesselstellung. Auch die Sprunggelenke blieben nicht ganz ohne Tadel.
In der Ära Dr. Grabensee formte sich dann in verhältnismäßig kurzer Zeit der modernere Hannoveraner.

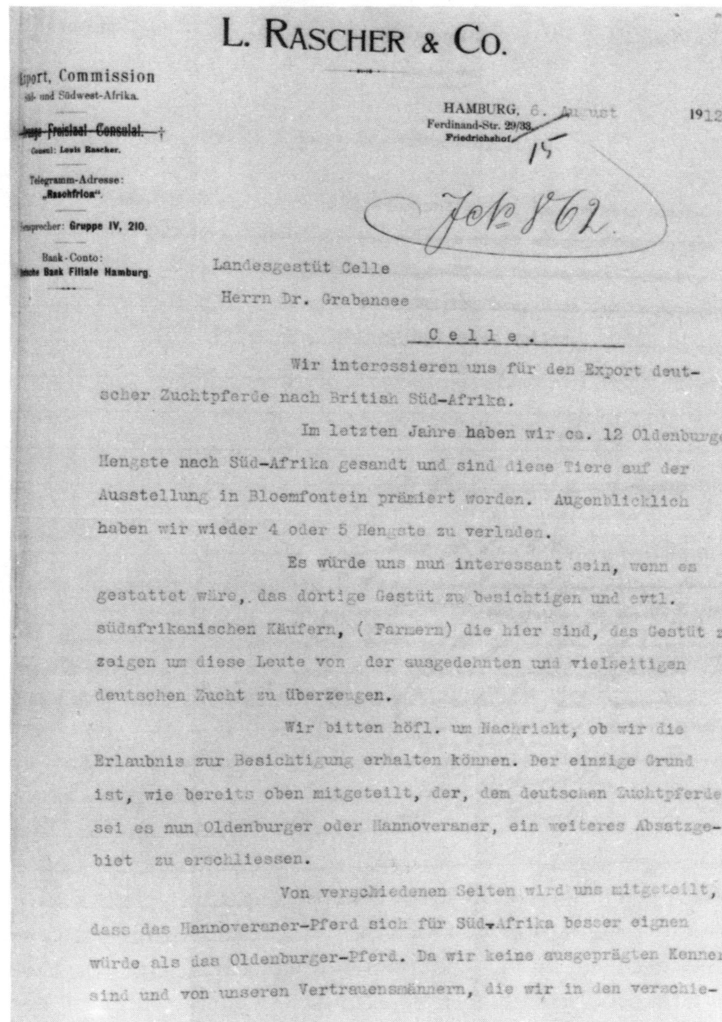

L. RASCHER & Co.

port, Commission
-und Südwest-Afrika.

~~Freistaat-Consulat.~~
Consul: Louis Rascher.

Telegramm-Adresse:
„Raschfrica".

sprecher: Gruppe IV, 210.

Bank-Conto:
Bank Filiale Hamburg.

HAMBURG, 6. August 1912
Ferdinand-Str. 29/33,
Friedrichshof.
15

J. № 862.

Landesgestüt Celle

Herrn Dr. Grabensee

Celle.

Wir interessieren uns für den Export deutscher Zuchtpferde nach British Süd-Afrika.

Im letzten Jahre haben wir ca. 12 Oldenburger Hengste nach Süd-Afrika gesandt und sind diese Tiere auf der Ausstellung in Bloemfontein prämiert worden. Augenblicklich haben wir wieder 4 oder 5 Hengste zu verladen.

Es würde uns nun interessant sein, wenn es gestattet wäre, das dortige Gestüt zu besichtigen und evtl. südafrikanischen Käufern, (Farmern) die hier sind, das Gestüt zu zeigen um diese Leute von der ausgedehnten und vielseitigen deutschen Zucht zu überzeugen.

Wir bitten höfl. um Nachricht, ob wir die Erlaubnis zur Besichtigung erhalten können. Der einzige Grund ist, wie bereits oben mitgeteilt, der, dem deutschen Zuchtpferde, sei es nun Oldenburger oder Hannoveraner, ein weiteres Absatzgebiet zu erschliessen.

Von verschiedenen Seiten wird uns mitgeteilt, dass das Hannoveraner-Pferd sich für Süd-Afrika besser eignen würde als das Oldenburger-Pferd. Da wir keine ausgeprägten Kenner sind und von unseren Vertrauensmännern, die wir in den verschie-

— **Ueber die Hengstaufzucht im Zuchtgebiet** habe ich an dieser Stelle bereits früher geschrieben und dabei auch die beiden ersten Hengstversteigerungen in Güstrow in Mecklenburg und Demmin in Pommern kurz besprochen. Nun hat am 23. September in Güstrow die zweite Hengstversteigerung stattgefunden. Es waren 127 Hengste angemeldet, vorgeführt wurden 116, den Besitzer wechselten 55, verkauft wurden 61. Das vorgeführte Material war nach einem Bericht in der „Deutschen Tageszeitung" zum großen Teil vorzüglich und stand keineswegs hinter der ersten Hengstversteigerung zurück. Besonders wissenswert für die hannoverschen Züchter ist nun, daß von den 116 vorgeführten Hengsten nur 14 aus Mecklenburg stammten, die übrigen 102 aber in Hannover geboren und in Mecklenburg aufgezogene Hengste waren. Der Gesamterlös betrug 2 711 000 Mark, der Durchschnittspreis war 49 290 Mark. Man vergleiche hiermit die Preise der ersten Versteigerung, wo für 62 Hengste 917 700 Mk. erzielt wurden, also im Durchschnitt für den Hengst 14 800 Mark bezahlt wurden gegen 49 290 Mark in diesem Jahre. Der Durchschnittspreis hat sich demnach gegen 1919 um 34 490 Mark erhöht! Den höchsten Preis, 173 000 Mark, zahlte die Celler Gestütsverwaltung für einen Flingarthsohn, den Herr Prewe-Arpshagen aufgezogen hat. Weiter traten wieder als Käufer auf die mecklenburgische, schwedische und preußische Gestütsverwaltung. Meine früher an die hannoverschen Pferdezüchter gerichtete Frage: Muß das sein? Müssen die hannoverschen Hengstfohlen nach Mecklenburg und Pommern gehen, um dort „aufgezogen zu werden? muß ich heute wiederholen und verbinde damit erneut die Bitte, dort, wo die Möglichkeit vorliegt, die Hengste selbst aufzuziehen, es auch zu tun. Die erzielten Preise ermuntern doch auch dazu. Meinhard.

Mecklenburg und Pommern bedienten sich um 1920 besten Hengstnachwuchses aus Hannover und besannen sich gleichzeitig auf ihre eigene landeszüchterische Bedeutung, wie dies die pomm. Plakette (links) deutlich macht. Da wurde man in Hannover wach. Unter den Mahnern war Winterschul-Dir. Meinhard, Stade, der in Zeitungsberichten (oben) die Züchterschaft aufklärte.

Die Zeit der mehr staatlichen Zuchtleitung ging in den Jahren nach dem Ersten Weltkrieg zu Ende. Die Züchter drängten nach einer eigenen Vertretung, nach Zusammenschlüssen auf vereinsörtlicher und bezirksverbandlicher Ebene, die in einem Provinzialverband ihre überregionale Spitze für das ganze Zuchtgebiet finden sollten.

Diese Entwicklung vollzog sich in wenigen Jahren. Eine der ersten Forderungen der Züchter war das Verlangen nach besseren Hengsten, nach einer Fesselung von Hengstfohlen für das eigene Zuchtgebiet, die sonst nach Mecklenburg und Pommern verkauft wurden.

Als Folge dieser Bemühungen kann die Einrichtung der staatlichen Hengstaufzucht in Hunnesrück gesehen werden. Auch die Eröffnung eines «Hannoverschen Verkaufsstalls» dürfte der Initiative der Züchter zuzuschreiben sein. Versammlungen, Debatten und Veröffentlichungen sorgten für Aufklärung. Man beschäftigte sich mit Problemen der Zucht, Problemen des Absatzes. Fragen über Pferdekrankheiten und Zuchthygiene kamen zur Sprache. Gustav Rau forderte mehr Beschäftigung mit Erbüberlegungen, und Dr. de Chapeaurouge propagierte den Wert von Inzuchtverbindungen. Die ländliche Reiterei wurde aus der Taufe gehoben. Rundum wurde es interessant.

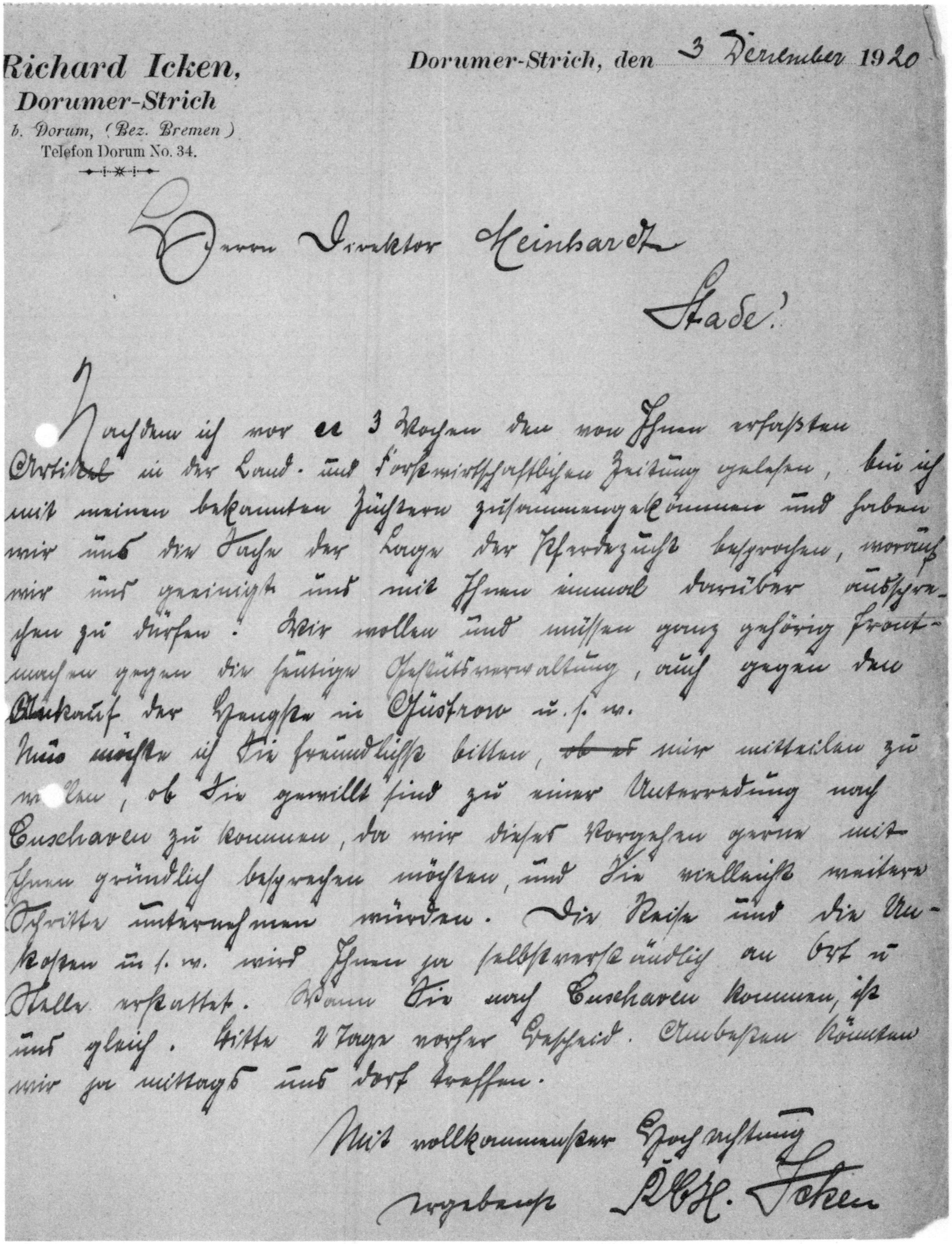

Richard Icken,
Dorumer-Strich
b. Dorum, (Bez. Bremen)
Telefon Dorum No. 34.

Dorumer-Strich, den 3 Dezember 1920

Herrn Direktor Meinhardt
Stade!

Nachdem ich vor ca 3 Wochen den von Ihnen verfaßten Artikel in der Land- und Forstwirtschaftlichen Zeitung gelesen, bin ich mit meinen bekannten Züchtern zusammengekommen und haben wir uns die Sache der Lage der Pferdezucht besprochen, woraus wir uns geeinigt und mit Ihnen einmal darüber auszusprechen zu dürfen. Wir wollen und müssen ganz gehörig Front machen gegen die heutige Gestütverwaltung, auch gegen den Ankauf der Hengste in Güstrow u.s.w.
Nun möchte ich Sie freundlichst bitten, ~~ob er~~ mir mitteilen zu wollen, ob Sie gewillt sind zu einer Unterredung nach Cuxhaven zu kommen, da wir dieses Vorgehen gerne mit Ihnen gründlich besprechen möchten, und Sie vielleicht weitere Schritte unternehmen würden. Die Reise und die Unkosten u.s.w. wird Ihnen ja selbstverständlich an Ort u. Stelle erstattet. Wann Sie nach Cuxhaven kommen, ist uns gleich. Bitte 2 Tage vorher Bescheid. Am besten könnten wir ja mittags uns dort treffen.

Mit vollkommenster Hochachtung
ergebenst [signature] Icken

Die Bauern selbst, gottesfürchtig und der Obrigkeit in der Form ergeben, aber frei und selbstbewußt in höflicher Meinungsäußerung (rechts), fühlten, daß in Hannover etwas geschehen müsse, um die Züchter organisatorisch zu vereinen.

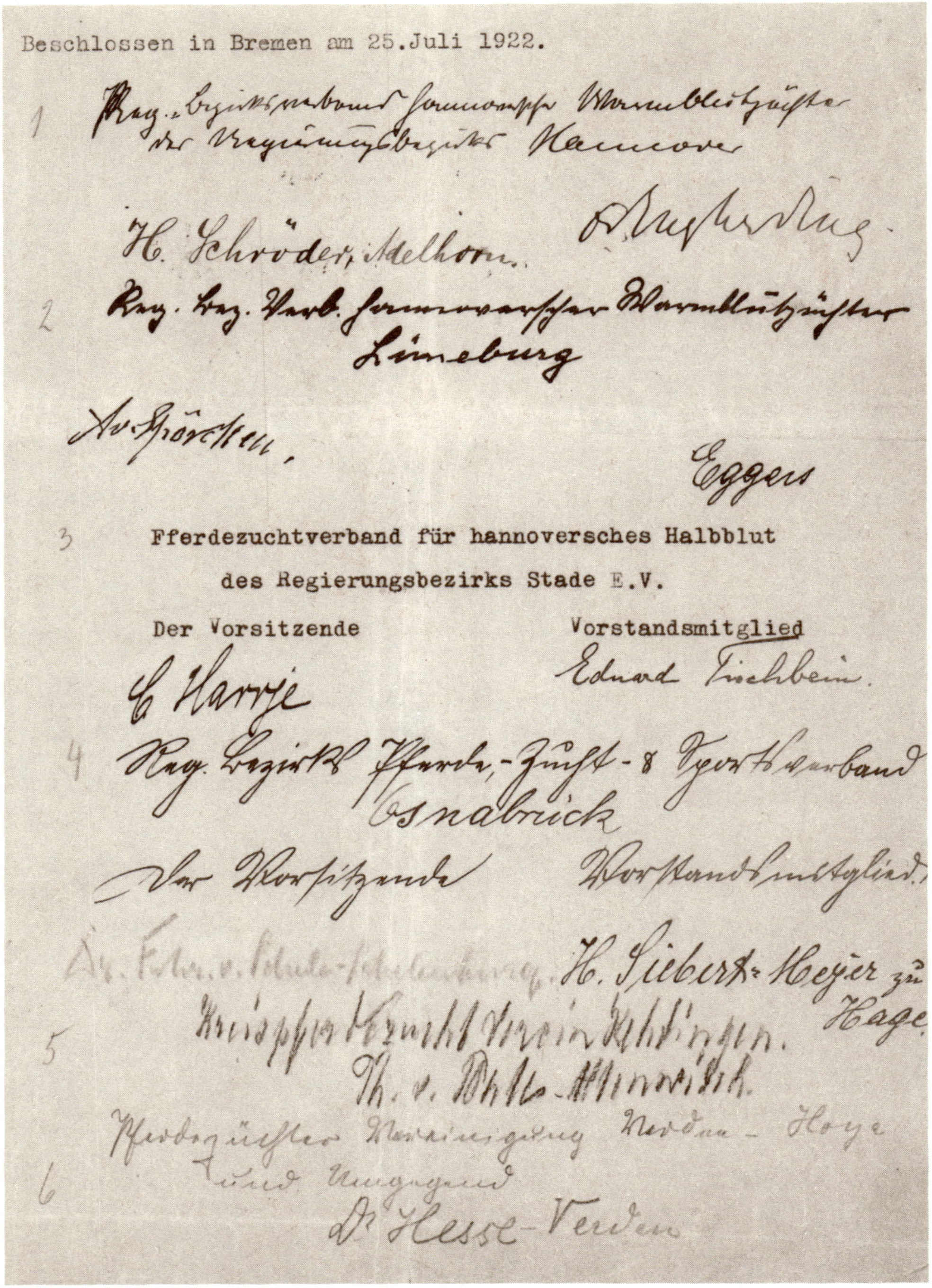
Beschlossen in Bremen am 25.Juli 1922.

1

H. Schröder, Adelhorn.

2 Lüneburg

Eggers

3 Pferdezuchtverband für hannoversches Halbblut
des Regierungsbezirks Stade E.V.

Der Vorsitzende Vorstandsmitglied

C. Harrje

4 Osnabrück

H. Siebert-Meyer zu Hage

5

6

Dr. Hesse-Verden

Als der Verband hannoverscher Warmblutzüchter 1970/71 seine Mitglieder aufrief, eine namhafte Umlage für den Bau einer großen Absatz- und Ausbildungszentrale auf der Verdener Rennbahn zu leisten, und zwar je eingetragene Stute, zeigten sich die Früchte seines fünfzigjährigen Wirkens. Das Vertrauen war da. Einmütig beteiligten sich alle hannoverschen Züchter des Landes an dieser Aktion und brachten damit einen Hauptteil der Bausumme aus eigener Kraft zusammen.
So ist die Niedersachsenhalle in Verden nicht in erster Linie ein renommierter Zentral- und Absatzbegriff der hannoverschen Zucht. Sie legt vor allem Zeugnis ab von dem Geist der hannoverschen Züchter, der seit Generationen wach ist, beständig, ohne Ecken, und zu Opfern bereit. Und dies ist das eigentliche Geheimnis für die stets kontinuierliche Weiterentwicklung in Hannover. In schlechten wie in guten Zeiten.

1922/23 kam es zur Gründung und amtlichen Anerkennung des Provinzialverbandes hann. Warmblutzüchter, des heutigen «Verbandes». Die Zucht stand. Wohlorganisiert. Demokratisch aufgebaut. In Verbindung zur staatl. Hengsthaltung im Ldg. Celle.

Citius, Altius, Fortius

Diese drei Leitbegriffe des olympischen Wettkampfes: schneller, höher (weiter), kraftvoller – nach immer höherer Leistung also zu streben – sind in den Bahnen der Vernunft auch Gedankengut der hannoverschen Pferdezucht. Sichtbar zuletzt 1976 in den Goldmedaillen von Montreal und in 22 hannoverschen Pferden, die unter der Flagge verschiedener Nationen eine vielfach erfolgreiche olympische Reise nach Kanada angetreten hatten.

Hannover war drei Jahre Weltmeister mit Simona und Mehmed – und ist es jetzt wieder mit Warwick, der als Olympiasieger aufgrund eines jüngsten Beschlusses der Fédération Equestre Internationale (FEI) den Weltmeistertitel übernommen hat.

Nachwuchs von außergewöhnlichem Format steht zur Verfügung und wächst regelmäßig weiter heran.

Der Breitenreitsport profitiert gleichzeitig. An der zunehmenden Reitqualität der hannoverschen Pferde.

Talentsuche, Talentfindung und Talentförderung bedürfen gezielter Maßnahmen. Der hann. Züchterverband nimmt zu den Verdener Auktionen Gelegenheit, jährl. 400 ausgewählte junge Talente unter die Lupe zu nehmen. – Unter den Springnachwuchspferden im März 1977 ragte dieser Schimmel heraus: Albatros, 3j., v. Aderlaß u. Eski v. Einglas u. Lyra v. Lateran u. Fuchskappe v. Futurist I und elf weiteren Generationen.

Hannoveraner gleichen sich im Rassetyp. Sie unterscheiden sich nach Gewichtsaufnahme, Blutgehalt und Verwendungsmöglichkeiten. Nahezu allen ist Vielseitigkeit angeboren. So findet man sie vom schwersten Hunter bis zum grazilen Blutpferd.
Gutmütigkeit ist ihnen von jeher eigen. Geschmeidigkeit und Hinterhandsaktivität wurden in den letzten Jahrzehnten wesentlich verbessert. Widerrist, Querbein und Schulter gleichermaßen.
Ihre Haltbarkeit und Ausdauer findet so leicht keine Grenze. Leider sind Menschenmaß und Menschenpsyche oftmals wenig auf die ihnen anvertrauten Tiere eingestellt. Was dem Reiter an Verständnis, Können oder Feinheit fehlt, geht doppelt zu Lasten des Pferdes, das ihm ausgeliefert.

Vertrauen basiert auf Verstehen und Geduld. Hann. Pferde können einen Puff vertragen, sie halten eine gewisse Zeit sogar Böllermänner aus. Wer aber auf Sicht etwas von ihnen haben will, muß sie so erziehen, so behandeln und so trainieren, daß sie Freude daran haben, mitzumachen...

... wie ihre Väter es selbst vormachen. Hier (rechts) der berühmte Ferdinand mit mehr als 1 Mio. Nachk.-Gew.-Summe als Quadrillepferd auf einer Gastschau des nieders. Ldg. Celle im holl. Groningen.

Hengstprüfungs-anstalt Westercelle/ Adelheidsdorf

Einen ersten Schritt auf dem Weg zur Eigenleistungsprüfung gekörter Beschäler tat Georg Graf Lehndorff als preußischer Oberlandstallmeister, indem er in Ostpreußen um die Jahrhundertwende das Köralter auf drei Jahre hinaufsetzte und eine Vorstellung auch unter dem Reiter verlangte. In Celle mußten Ende 1900 die Beschäler gewisse Strecken im Galopp zurücklegen, später dann nur noch im Trabe. Angesichts der schwierigen Wirtschaftslage gegen Ende der zwanziger Jahre richtete die Preußische Gestütverwaltung in den beiden größten deutschen Zuchtgebieten staatliche Hengstprüfungsanstalten ein. In Zwion – vorübergehend in Trakehnen – für Ostpreußen, in Westercelle für Hannover. Mit dieser Maßnahme wurde vor rund fünfzig Jahren eine bahnbrechende Entwicklung in den deutschen Landespferdezuchten eingeleitet. Jedoch erst seit 1976 wurden Eigenleistungsprüfungen eine gesetzliche Vorbedingung für den Einsatz von Hengsten in der Zucht. Westercelle, vom Landgestüt in Celle etwa 3000 Meter entfernt, war bis 1976 in Betrieb; wegen Raumnot, besonders auch wegen der Schwierigkeit, das eigentliche Trainingsgelände durch den starken Verkehr hindurch zu erreichen, wurde die

Links außen: Wie unter seinen Vorgängern ist die Hengstprüfungsanstalt auch für Ldstm. Dr. v. Stenglin (im Bild mit Sportmütze) ein dienstlich bedeutungsvoller Betriebszweig. Neben ihm Prof. Hans Löwe als damaliger Vertreter des Ministeriums.

Links: Besuch aus England – der Hzg. v. Gloucester in Westercelle. Im Vordergrund Sattelm. Bardenhagen, ganz rechts Ldstm. v. Stenglin.

Rechts: Die Beruhigungsphase des Herzens nach langen Galopps ist ein Untersuchungsbestandteil für die Bewertung der Konstitution.

Hengstprüfungsanstalt dann aber nach Adelheidsdorf verlegt. Hier wurde alles neu gebaut, neu angelegt. Für 100 Hengste.

Die für Celle in Verden und Hunnesrück angekauften Junghengste gehen im November nach Adelheidsdorf und stehen im Oktober des darauffolgenden Jahres zur Prüfung an. Die Privathengste aus Oldenburg, Hessen, Schleswig-Holstein, den süddeutschen Ländern und aus der Trakehner Zucht gehen für drei Monate ins Training nach Adelheidsdorf.

Adelheidsdorf untersteht, wie Hunnesrück, dem Landstallmeister in Celle. Als Leiter der Hengstprüfungsanstalt wird jeweils ein prädestinierter Beamter des Landgestüts berufen. Die Obersattelmeister Rieke, Lodder, Adomat und Manfred Lopp, der zur Zeit im Amt ist, zeichneten in den ersten fünfzig Jahren verantwortlich.

Trainings- und Prüfungsnote ergeben nach einem bestimmten Rechenverfahren mit unterschiedlichen Faktoren das Prüfungsergebnis, das über die Einstellung der Hengste als Beschäler entscheidet. Einzelheiten hierüber sind auf diesen Seiten angegeben und erläutert. Die Prüfungskommission wird vom Minister berufen. Sie setzt sich seit 1976 aus den Herren Dr. Fritze, Hans Joachim Köhler und Fritz Thiedemann zusammen.

Ob sie mitmachen, ehrlich sind und innerlich ausgeglichen, bringen vielerlei Teste bei den Hengsten zutage.

Links außen: Als Mittel zum Zweck für die Beurteilung von Charakter und Temperament werden Anspannungspraktiken beibehalten.

Links: der «Schlepper» – dem alten Ldb. Wimpel, hier witterungheischend, oblag es viele Jahre, die Traberkarren (Sulkys) im Verbund zum Ort des Geschehens zu rollen.

Rechts oben: Anläßlich der drei aufeinanderfolgenden Hengstparaden präsentieren sich die Prüfungskandidaten zum ersten Mal vor der Öffentlichkeit.

Rechts: Im Geschirr beginnt jegliche Gewöhnung. Gebiß, Geschirr oder Sattel werden unterschiedlich aufgenommen. Ewige Querulanten sind unerwünscht.

Neuerdings ist eine Versuchsreihe gestartet worden, die sich mit einer Einstufung der Rittigkeitswerte durch Fremdreiter befaßt. Diese Reiter – bislang Willi Schultheis, Udo Nesch, Horst Carsten und vom Verdener Auktionsteam Reinhard Baumgart und Ullrich Kasselmann – reiten im Wechsel zu dreien jeden Hengst und geben sofort ihre Noten. Die Hengste gehen ohne Kopfnummern, wie anläßlich der Tätigkeit der Prüfungskommission auch, und bleiben somit anonym. Der Fremdreitertest ist noch im Stadium eines Versuchs, wird also noch nicht mit gewertet.

Die Prüfungsbedingungen sind im Laufe der vergangenen fünfzig Jahre vielfach geändert worden. Doch jeder bislang angewandte Modus vermochte die Spreu vom Weizen zu scheiden. Das Herausfinden mangelhafter Elemente ist also gewährleistet. Daß es eines Tages noch treffendere Wertungsergebnisse in bestimmten Kriterien geben wird, läßt sich denken. Man könnte dann mehr als bisher neben der Negativ- auch eine detailliertere Positivauslese treffen, die in ihren Noten noch überzeugender, in ihren Erfahrungswerten noch treffsicherer für praktische Nutzanwendungen zu Rate gezogen werden könnte.

Weites Heidegelände, offen und bewaldet, bildet das Trainings- und Prüfungsareal unmittelbar neben der Bundesstraße Hannover–Uelzen. Natursprünge und feste Hindernisanlagen fügen sich ein. Und auf wasserdurchlässigem, nahezu steinlosen Wald- und Heideboden galoppieren die Hengste, schließlich unter der Stoppuhr.

Rechts: Etwa drei Wochen vor ihrer Prüfung zeigen sich die jüngsten Hengste der Trainingsanstalt Adelheidsdorf bei den drei Hengstparaden in Celle, hier 1976 im Sulky.

Block A

Mittelpunkt Verden

Pferde aus Verden (unten): Pesgö v. Pik As xx, Porta Westfalica v. Pik As xx und (unten rechts) Galipolis v. Gotthard – Pik As xx, drei berühmte Verdener Auktionspferde, die aus dem Köhler-Stall in Borstel in die Hände von Alwin Schockemöhle, Hartwig Steenken und Gerd Wiltfang gegeben wurden.

Rechts: Hans Günter Winkler (im Bild mit Sparkassen-Dir. Freese beim Empfang der Tempelhüter-Goldmedaille bei der Großen Abendveranstaltung im Oktober 1976) ritt früher Verdener Auktionspferde im Training und startet auf Verdener Weltmeisterschafts- und Olympia-Sichtungsturnieren.

Als züchterisches Quellgebiet vor allem für die Blutlinien Flingarth und King galt der Verdener Raum schon seit längerer Zeit als im Herzen des Zuchtgebiets gelegen. Zu dieser züchterischen Bedeutung kam dann in den dreißiger Jahren der Begriff «Reiterstadt» im Zusammenhang mit den 10-Tage-Turnieren und den Halbblutrennen. Dann wurden hier die Hengstkörungen eingerichtet. Die Reit- und Fahrschule kam hinzu. Der Schleppjagdverein setzte aktiv seine Tradition fort. Weitere Reitvereine und städtische Reitklubs siedelten sich an. Seit 1949 entwickelten sich die Verdener Auktionen. 1970 sprengte das Deutsche Pferdemuseum seine zunächst engen Dimensionen. Und schließlich entstand der große und vielseitige Komplex der Niedersachsenhalle.

Verden ist heute der Mittelpunkt des hannoverschen Zuchtgebiets. Die Landstadt bietet vielfach optimale Voraussetzungen für alles Hippologische und ist auch verkehrsmäßig in einer glücklichen Lage. Nicht zuletzt verfügt es über ein Computer-Rechenzentrum, dessen sich auch die Deutsche Reiterliche Vereinigung (FN) in Warendorf bedient.

Verdener Olympia-Sichtungsturnier 1976 im Verdener Reiterstadion: Gerd Wiltfang mit Galipolis, die beide nur knapp eine Nominierung für Montreal verfehlten.

Verden ist auch immer ein weitfederndes Sprungbrett für junge Menschen gewesen, die hier gelernt haben und dann vielfach hervorragende Laufbahnen entwickeln konnten.

Verdens berühmteste reiterliche Erscheinung: Helga Köhler, hier (ganz oben) auf dem Spitzenpferd Alles in einem v. Altenwalde, im Oktober 1976. – Bei den Großen Abendveranstaltungen in der Niedersachsenhalle gehört immer ein dressurklassisches Schaubild zum Programm: (oben) Olympiasieger Harry Boldt und Woyceck (v. Wunsch II).
Auch Dr. Reiner Klimkes Amadeo (v. Aberwitz II) kommt, wie viele Asse, aus Verden.

In guten Kontakten stehen Celle und Verden miteinander. Das Ldg. Celle stellt Schaunummern für die Niedersachsenhalle, vom Verdener Auktionsteam werden Testreiter in die Hengstprüfungsanstalt Adelheidsdorf berufen. – Sechserzug mit Schimmeln und Rappen vor einem Königswagen im Ldg. Celle, bei dem G.-Wärter Öhlmann die Leinen führt.

Das ganze Jahr über ist hier also viel hippologisches Leben. Den Schlußpunkt unter die großen Veranstaltungen setzen Hengstkörung und Zuchtstutenauktion, meist Anfang November, seit 1976 zu einer Hannoverschen Zuchtabsatz-Veranstaltung vereinigt. Rund 90 Hengste und 50 Mutterstuten gehören zur Verkaufskollektion.

Mitte Januar ruft Verden dann schon wieder zum großen Hallenreit- und -springturnier. Zu dieser Zeit hat die Ausbildungs- und Absatzzentrale des hannoverschen Züchterverbandes in der Niedersachsenhalle dann bereits rund 80 künftige Auktionspferde in Ausbildung, so daß die ganze Anlage anläßlich des Hallenturniers mit 400 Pferden (einschließlich der Rinderstallungen) besetzt ist.

Von unschätzbarem Wert ist vor der Tür das Gelände der Rennbahnanlagen, die zu einem wesentlichen Teil dem Verband hannoverscher Warmblutzüchter für den Bereich der Niedersachsenhalle zur Verfügung stehen.

Die Stadt selbst genießt durch dies alles einen regen Fremdenverkehr, nicht zuletzt auch durch die Besucher des Deutschen Pferdemuseums, jährlich fünfzehn- bis zwanzigtausend Personen.

Ende Oktober/Anfang November finden die jährlichen Hengstkörungen in Verden auf einer modernen Dreiecksführbahn mit einem Schrittrondell statt.

Reitqualitäten in Exterieur und Bewegungsablauf stehen bei den 2½j. Hengsten im Vordergrund der Bewertung. Unten ein leistungspointierter Good Match xx-Sohn . . .

. . . und ein Argus-Sohn. Bei beiden Hengsten, von denen der erste für das nieders. Ldg. Celle angekauft wurde, wird eine sehr gute Trabmechanik in losgelassener natürlicher Haltung deutlich.

Die züchterische Organisation in Hannover

Die Entstehungsgeschichte des hannoverschen Züchterverbandes erklärt genau seine heutige Organisation. Dem Verband unterstehen die Bezirksverbände analog den Regierungsbezirken, diesen die Pferdezuchtvereine. Die züchterische Arbeit basiert also auf entsprechenden Eigenständigkeiten unter der Gesamtleitung des Verbandsvorstandes mit dem Verbandsbüro in Hannover und in Zusammenarbeit mit dem Landgestüt Celle, das dem Ministerium für Landwirtschaft und Forsten unterstellt ist. Eine Jahreshauptversammlung vereint die Delegierten der Bezirksverbände und Vereine zu Beschlußfassungen und Wahlen in Verden.

Diese Delegierung der Aufgaben hat sich seit der Verbandsgründung bewährt. Die bäuerlichen Züchter arbeiten in ihren Vereinen mit von ihnen gewählten Vorsitzenden und Schriftführern weitgehend selbständig in engen Kontakten zu den Leitern der Celler Deckstellen. Der Verband in Hannover nimmt über die Delegierten Einfluß auf das Zuchtziel, überregionale Veranstaltungstermine, Stutbuchfragen, Absatzprobleme, Investitionsvorhaben, Werbung, Hengstremontierung oder Vergabe von Prämien, um hier einige wesentliche Punkte aufzuführen.

Der Verband bestimmt die Richtlinien der Zuchtpolitik. Auf dem Mutterstutensektor durch Schaukommissionen, auf dem Beschälersektor durch eine Auswahlkommission für die Körteilnahme-Zulassung, in der Körkommission und in der Fesselungskommission (Hengstfohlen und gekörte zweieinhalbjährige Hengste für Celle) unmittelbar. In allen Fällen ist der Landstallmeister von Celle beteiligt. Der Verband legt außerdem besondere Bestimmungen fest für die Zulassung von Reitpferden, Zuchtstuten und Fohlen zu den Verdener Auktionen. Dazu kommt die Betreuung von Zuchtenklaven im In- und Ausland, insbesondere Übersee, und schließlich auch die Zuerkennung einer begrenzten oder unbegrenzten Deckerlaubnis für die Privatbeschäler.

Nicht zuletzt ist der Verband Dienstleistungsbetrieb für seine Züchter. Im Aufgabenbereich der durch Ausbildung und Training zu veredelnden Rohprodukte und auf dem Gebiet des Absatzes, der Stallplätze schafft für die heranwachsende Nachzucht.

Niederschrift

über die Stutbuchausschußsitzung am 21. Mai 1975 in Verden, Pferdemuseum.

Anwesend: P.H. Reinstorf - Bütlingen, stellv. Vorsitzender
H. v. der Decken - Rutenstein, stellv. Vorsitzender
H. Döscher - Altenbruch
Graf v. Bernstorff - Jasebeck
H.J. Köhler - Verden
Dr. Hartwig - Hannover

Es fehlten entschuldigt:
B. Müller - Süderwarden, Vorsitzender
H. Sperling - Lutter
Landstallmeister
Dr.Frhr. v. Stenglin - Celle

Tagesordnung:

1.) Organisation und Durchführung der 1. Fohlenauktion am 30. August 1975

2.) Verschiedenes.

Zu 1)

Gegen 9.45 Uhr eröffnet in Abwesenheit des Vorsitzenden der stellvertretende Vorsitzende, P.H. Reinstorf, Bütlingen, die Stutbuchausschußsitzung, begrüßt die Anwesenden, dankt für deren Erscheinen und stellt fest, daß die Stutbuchausschußsitzung mit Schreiben vom 12.5.1975 fristgerecht einberufen und daher beschlußfähig sei.

Sodann werden die Fakten für die 1. Fohlenauktion besprochen.

1.) Termin: 30.8.1975, Absatzzentrum in Verden/Aller.
2.) Bezeichnung: 1. Verbandsauktion hannoverscher Fohlen.
3.) Zugelassene Zahl an Fohlen höchstens 80 bis 85, damit ca. 70 bis 75 Fohlen angeboten werden können. Die Zahl der Fohlen ist nicht entscheidend, im Vordergrund hat in jedem Falle die Qualität zu stehen, auch wenn es weniger als 70 Fohlen sein sollten.

Einen Einblick in die Zusammensetzung des Gremiums der Zuchtleitung gibt dieser kleine Ausschnitt aus einer Niederschrift über die Beratung der 1. Fohlenauktion 1975.

Der «Staatskommissar» und Leiter des Ldg. Celle, Ldstm. Dr. Frhr. v. Stenglin.

Der ehrenamtliche Verbandsvors. und Vors. der Abt. Zucht in der FN, Burchard Müller.

Der hauptamtliche Geschäftsführer des Verbandes und Leiter der Abt. Tierzucht in der LWK, Dr. Walter Hartwig.

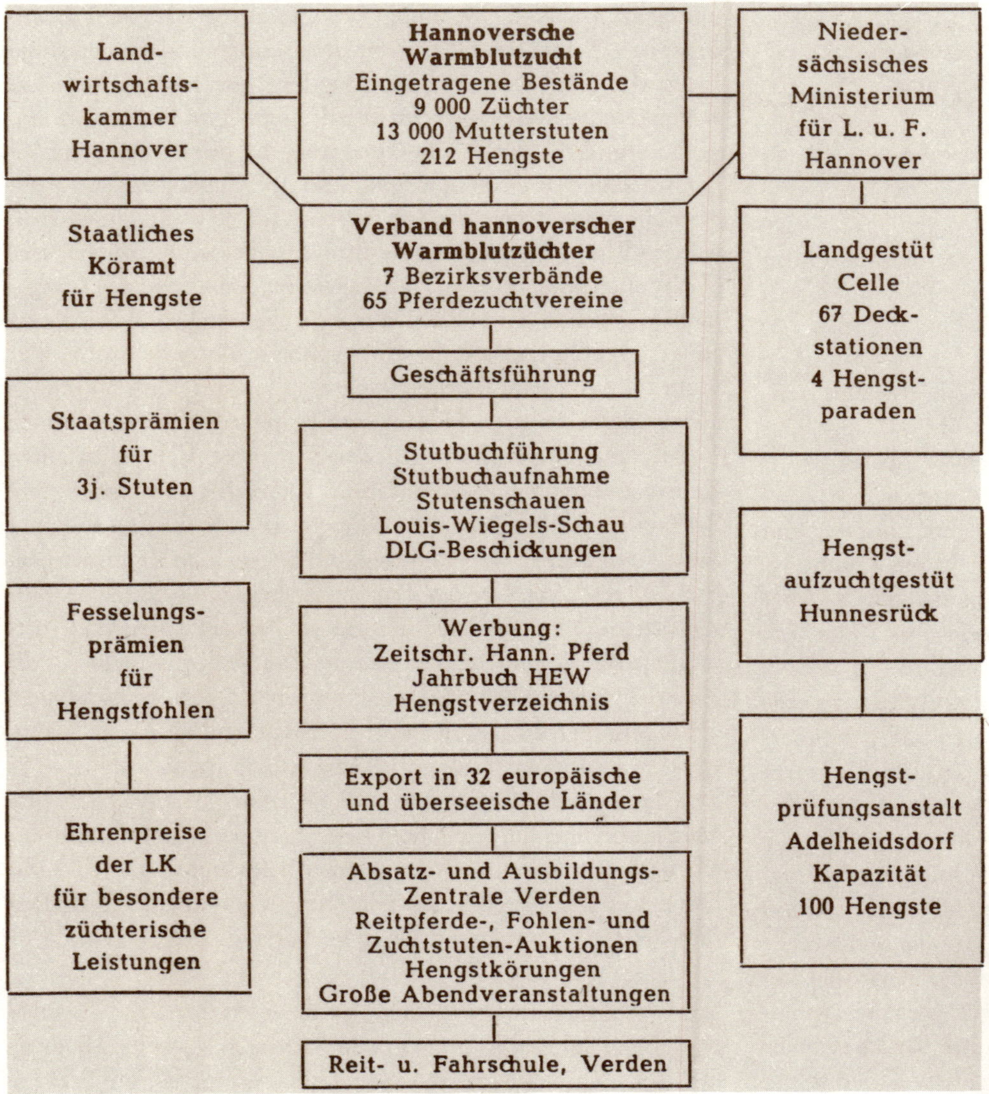

Ein Diagramm über die Organisation des Zucht- und Absatzbetriebs auf Landesebene. Diese Aufstellung datiert aus dem J. 1975. Die Zahl der eingetragenen Stuten hat sich inzwischen auf 15 000 erhöht.

Der freie Mitarb. des Verbandes, Leiter der Verbandspositionen in Verden, Hans Joachim Köhler (oben), und der Leiter der Verdener Verbandsreitschule, Achim Weist (unten).

Der «Grand Chef»: Ldstm. a.D. Konrad Bresges, einer der ersten Verbandsgeschäftsführer, dann v.a. lange Jahre Leiter des Ldg. Warendorf, läßt es sich nicht nehmen, bei bedeutsamen Geschehnissen in Hannover dabei zu sein. Anläßlich einer Hengstauswahlreise hatte Dr. Hartwig in seine auf dem Flur zum Säubern bereitstehenden Rentierschuhe, ein Geschenk aus Skandinavien, einen Zettel gesteckt: «Schuhe von Kapitalisten putze ich nicht. Kuno, Hausdiener». Da erschien der Weise am nächsten Morgen zur erwartungsvollen Frühstücksrunde, musterte nur kurz die Anwesenden und zeigte dann auf Dr. Hartwig: «Da sitzt Kuno!»

Von der alten zur neuen Niedersachsenhalle

1972 im Herbst war die lang herbeigesehnte Absatz- und Ausbildungszentrale erstellt, zehn Tage vor Termin und einige Zigtausend Mark billiger als veranschlagt. So etwas gibt es also. Zunächst war alles sehr groß, sehr fremd und ungewohnt. Man vermißte die Geschlossenheit der alten Anlage am Lönsweg und genoß andererseits die Großräumigkeit des neuen Quartiers, dem sich das Rennbahngelände unmittelbar anschließt. Aber man gewöhnte sich und lebte sich allmählich ein. Den Besuchern und den Auktionsgästen erging es nicht viel anders. Es war ein großer Augenblick, als eines Abends die ersten Auktionspferde die Reithalle berührten und ihre Kreise trabten und galoppierten. Doch schon nach wenigen Minuten stiegen allen die Haare zu Berge. Der gewalzte Lehmuntergrund, der vor dem Einbringen des Hufschlags so fest und vertrauenswürdig ausgesehen hatte, kam klumpenweise in den Sägespänen hoch, erst wenig, dann plötzlich unaufhörlich. Das Malheur war groß. Ketten von Lastfahrzeugen rollten am nächsten frühen Morgen in die Halle und fuhren den ganzen Belag wieder heraus. Anschließend wurde der ganze Untergrund (60 mal 24 Meter) gerauht, asphaltiert und erneut mit Sägespänen und bindendem Sand beschichtet. Da war der Bann gebrochen, und in wenigen Tagen schon wurde offenkundig, daß ein ideal elastischer und rutschfester Boden gefunden war, dessen Zusammensetzungsformel allseitiges Interesse fand.

Am Morgen des Auktionsfreitags, 5.30 Uhr, nahm auf der kurzen Seite gegenüber dem Leistungsturm eine Minikapelle Platz, um einen Musik-Gewöhnungs-Test zu absolvieren: der Domorganist v. Schwartz, Hans-Heinrich Isenbart und die Gebrüder Hempel mit Instrumenten vom Jagdhorn bis zum Kamm. Die Bedenken der Reiter zerstreuten sich schnell, und so konnte eingerückt und der Eröffnungszeremonie beruhigt entgegengesehen werden. Als es dann losging und das Musikkorps der Bundeswehr etagenweise die Instrumente blitzen und tönen ließ, während hohe Lorbeerbäume ihre Zweige schützend vor den glanzvollen Klangkörper zu halten versuchten, wurde es ungemein feierlich in der Halle. Da rauschte im starken Trabe die erste Gruppe in Kiellinie herein: Applaus, Posaunenstöße, Tumult. Nur eines der Pferde gelangte bis zur gegenüberliegenden kurzen Seite. In guter Haltung mit gespitzten Ohren, dennoch weder taub noch blind. Alles andere übte sich in rasanten Kehrtwendungen, Speedmakings, Kapriolen, Lanzaden und Breitseiten in den gequälten Sägespänen. Hochrote Gesichter sah man in großer Verzweiflung und in gezielten Bemühungen, aus dem Hexenkessel der Bahnmitte herauszukommen, während sich die Explosionen der gut gefütterten Vierbeiner fortsetzten. Wie es Soldaten geziemt, hauten sie um so mehr auf die Pauke, je größer der Schlachtenlärm tobte. Die buntgekleideten Tribünenränge saßen unbewegt und staunend ob dieses Schauspiels, das offenbar als grandios empfunden wurde – denn als es dem Tunnel schließlich gelang, die Eröffnungsakteure stallwärts wieder aufzunehmen, machten sich Ehrengäste, Kaufinteressenten und Zuschauer mit einem außerordentlichen Beifall Luft. Unterdessen griffen die Aussteller tiefatmend dorthin, wo Herz und Brieftasche in Tuchfühlung verbunden sind.

Mit Pferden zu leben, so zeigte es die wirtschaftliche Talsohle vor einigen Jahren, ist immer mehr Menschen ein echtes Bedürfnis. Ihnen brauchte man damals nicht zu sagen, erst mit Pferden sei das Leben lebenswert. Sie wußten es, und sie ließen sich durch nichts erschüttern. Ihre Zahl ist mittlerweile noch gewachsen. Diese Auktionsstory soll nicht ausklingen mit der be-

Arab. Blut aus Schweden: Nerox, geb. 1938 v. Nogro u. Judith v. Mersuch I, Ldb. Celle 1949–56.

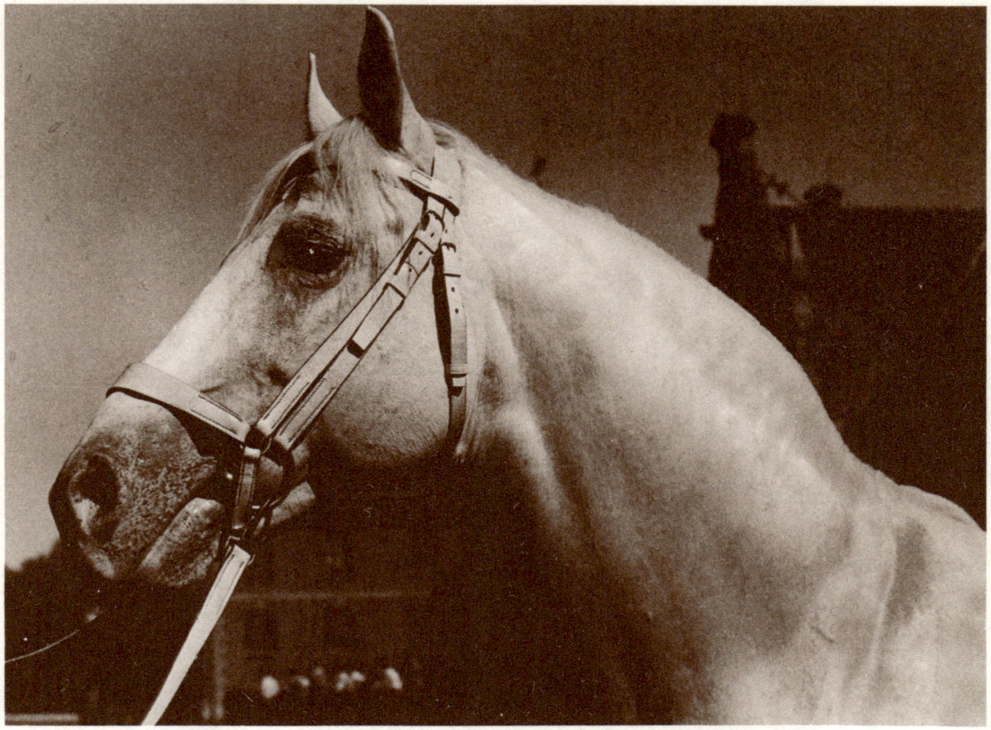

achtlichen Entwicklung in der neuen Niedersachsenhalle, sondern zurückblenden in die Zeit, als man noch sehr bescheiden war und in manchem vielleicht auch zufriedener als heute.

Der P 4 von Fritz Meyer-Stocksdorf raste mit 40 Stundenkilometern über die Landstraßen. Sein Alter konnte man nicht bestimmen, weil er keine Zähne mehr hatte. Wenn eine Station erreicht war mit etwa drei bis vier Stunden Verspätung, harrten die Züchter geduldig des Augenblicks, da Meyer-Stocksdorf ausstieg, mit einer Brechstange um das Vehikel herumging und mit ihr Hans Joachim Köhler hinter der grifflos verklemmten Tür hervorholte. Danach, so wußten sie, konnte die Auswahl für die nächste Auktion ihren Anfang nehmen.

Zwischen Badbergen und Neubruchhausen lief der P 4 einmal ganz unwahrscheinlich. «Kiek bloß», sagte Meyer-Stocksdorf, «wat de Wagen löppt. Föftig, sößtig! – Junge, dat segg ick di, de Auto kümmt in Kondition.» Als dann angehalten und gesucht werden mußte, weil wieder einmal die Kühlerschraube davongeflogen war, lief der Wagen danach zwar wieder wie der Wind, aber es zeigte sich ein knackend-gurgelndes Geräusch im Motor. «Fritz, wat is dat? Jag nich so doll, dat kann he nich ab.» Da meinte Fritze, während er mit verklärten Zügen weiter auf den Gashahn drückte: «Ach wat, dat is doch bloß die Wasserpumpe!» Das Ramautern wurde immer lauter. Alle Kolben, Zylinder und sonstigen Ersatzteile stießen da drinnen offenbar wild aufeinander, und so rollte schließlich in den letzten Zügen ein qualmendes, stinkendes Etwas, in dem ein ganzes Gelege von Eierhandgranaten fortlaufend in die Luft zu gehen schien, den erwartungsvollen Züchtern vor die Füße. Jedoch frisch und immer noch stark davon beeindruckt, was sein Wagen hergegeben hatte, sprang Meyer-Stocksdorf aus ihm heraus und fragte jovial in die Menge hinein: «Kann hier jemand mit solchem Auto ümgahn und mal eben büschen was reparieren? Die Wasserpumpe nämlich is'n beten öwertourt. De Wagen is unbännig lopen.» Nach dem Brechstangeneinsatz konnte dann die Pferdemusterung beginnen. (Das Auto übrigens hatte eine gesunde Wasserpumpe, aber keinen Tropfen Öl und nur noch kleinste Teile seines Getriebes.)

Hans-Heinrich Isenbart, heute Sport-Koordinator des Deutschen Fernsehens (ARD), sagte vor kurzem, er habe einiges von der Welt gesehen, aber nirgendwo ein solches, ein so lebensfrohes Horseman-team wie in Verden. Deshalb habe er auch seine Wohnung in Eitze bei Verden nicht aufgegeben, weil er nach seiner Tätigkeit in München nur den einen Wunsch habe, in diesen Gefilden endgültig seßhaft zu werden.

Und so hoffen wir Verdener alle, die sich hier wohlfühlen, daß sich diese große Pferdefamilie weiter vergrößert in dem Wahlspruch «Gaudemus equis ...», wir haben Freude am Pferd.

Ein Königreich für ein Pferd

Gedanken zur 53. Eliteschau hannoverscher Reitpferde der Verdener Auktion im Oktober 1975

Das geflügelte Wort vom «Königreich für ein Pferd» wird sinngemäß immer wieder wahr. In der Vollblutzucht schon lange, bei internationalen Spitzenpferden schon des öfteren und bei jungen Nachwuchspferden schon nicht mehr ganz selten. Bei Beschäleranwärtern neuerdings nun auch.
Die hannoversche Zucht ist offensichtlich up to date. Nicht allein in der Gestellung von Olympiasiegern und Weltmeistern, sondern auf breiterer Basis. Gerade dies aber ist entscheidend. Denn eine Messe mit besten Schaustücken ist nichts wert, wenn aufgrund solcher Muster Gleichwertiges oder Ähnliches nicht auch weiterhin lieferbar ist.
Die Hengstkörungen und Hengstmärkte in Verden werden vom Verband mit einem besonderen Kult umgeben, als Höhepunkt des züchterischen Jahres herausgestellt. Ja, nun. Sie haben eine erhebliche Bedeutung. Ganz natürlich. Aber sie sind auch nur ein Teil des Ganzen, das getragen wird von mehreren gravierenden Faktoren, die in gegenseitiger Einflußnahme aufeinander eine fortschrittliche Entwicklung gewährleisten und das Renommee der Zucht international bestimmen.
Wechselseitige Anstöße entwickeln die gewünschten Qualitäten. Der Reitpferdemarkt beeinflußt Hengstaufzucht und hochwertiges Angebot auf dem Markt. Dies alles in fruchtbrin-

«Blut ist der Saft, der Wunder schafft», Sinnspruch im Hauptbeschälerstall des Friedrich-Wilhelm-Gestüts zu Neustadt an der Dosse. Davon weiß man auch in Hannover, wenngleich man darauf gefaßt ist, auch ‹blaue› Wunder zu erleben. – Angloaraber Kurde x, geb. Polen 1935 v. Koheilan I ox u. Kalifornia x v. Bafur xx, Ldb. Celle 1949–56.

Der zweite Schauplatz der Verdener Auktionen im Herbst 1950 und Frühjahr 1951: Holzmarktkaserne, mitten in der Stadt Verden.

gendem Kreislauf. Die Züchter behalten bestes weibliches Material zur Zucht, Hengstaufzüchter intensivieren ihre Erfahrungen, und Auktionsbeschicker investieren noch ein bis zwei Jahre länger und vielseitiger. Alle haben dasselbe Ziel: dem Ruf des Hannoveraners in bestmöglicher Rentabilität zu dienen. Dies sollte man alles in allem sehen. Und auch so darstellen. Weil es so ist und: weil sich dann alle freuen. Dem Hengstwesen fällt deshalb keine Perle aus der Krone.
Sieht man mal von allem anderen ab, so war es die vom 17. bis 19. Oktober 1975 vorgestellte Qualität an Reit- und Hochleistungsnachwuchs, die das große Rennen in der Niedersachsenhalle machte, bei dem alle Pferde durchs (Zuschlag-)Ziel gingen und nur drei Rückkäufe gebucht wurden.
Die 119 Pferde erbrachten einen Durchschnittspreis von 16794 DM. Im einzelnen gesehen, ergab sich hierbei folgendes Bild:

Preisgestaltung	Herbst 1975	Herbst 1974
7500 bis 9900 DM	22 Pferde	27 Pferde
10000 bis 19900 DM	69 Pferde	62 Pferde
20000 und mehr DM	28 Pferde	20 Pferde
davon 30000 und mehr DM	12 Pferde	2 Pferde

Dies bedeutet, daß 30 Pferde gegenüber Herbst 1974 in höhere Preisklassen aufrückten, somit also wenigstens 25 Prozent der Kollektion eine bessere Wertung erhielten, was auch dadurch besonders deutlich wird, wenn man den Durchschnittspreis in Beziehung zur Pferdezahl setzt und miteinander vergleicht: Im Herbst 1974 erbrachten 109 Pferde einen Durchschnittspreis von 13978 DM.

Die große Zahl der jeweils angebotenen Pferde hat häufig genug Kopfzerbrechen und Bedenken verursacht. Heute dürfte erwiesen sein, daß eine große, qualitätsvolle Auswahl ein großer Anziehungspunkt ist, an dem sich umsatzmäßig viel tut, wenn das Angebot hält, was es versprach, und wenn die Erfahrungen mit früheren Auktionspferden so waren, daß der Ruf Verdens unangefochten blieb, wenn nicht sogar noch gehoben wurde.
Zu diesem Gesichtspunkt gehören weitere Voraussetzungen: der Kundendienst in Verbindung mit Glaubwürdigkeit der zu den Pferden gemachten Aussagen, die rückhaltlos offene Präsentation und die Qualität der Ausbildung und reiterlichen Darstellung der Pferde. Auf diesen Gebieten sind bemerkenswerte Fortschritte gemacht worden. Und sie mußten gemacht werden, um der wachsenden Qualität der Pferde entsprechend auch ein wachsendes Preisniveau zu erreichen. Das mag paradox erscheinen in heutiger Zeit. Daß es aber möglich war, beweist, daß außerordentliche Anstrengungen honoriert werden, wenn sie auf breiterer Basis überzeugen, also den Entschluß zur Anreise auslösen und an Ort und Stelle den Entschluß zum Kaufen beeinflussen.
Die Qualität der Verdener Reiterei, früher oft verkannt, wird heute nahezu uneingeschränkt bewundert, von der Deutschen Richtervereinigung einhellig als «einmalig und vorbildlich in der ganzen Welt» hervorgehoben. Daß diese Reiterinnen und Reiter («... das beste Team, das ich je sah»: Hans-Heinrich Isenbart) auch auf vielen Turnieren niveauprägend auftreten, dürfte als eine nicht zu unterschätzende zusätzliche Auswirkung der Verdener Auktionen zu werten sein.

Seite 143:
Auszeichnungen und Würdigungen werden auf den Züchterhöfen in hohen Ehren gehalten. Diese Holzschnitzerei ist bei Heinrich Engelke in Wahnebergen Kr. Verden angebracht. Er besitzt nach wie vor einen der besonders wertvollen alten hann. Stutenstämme, bei dem immer ausgemacht edles Blut im Vordergrund steht.

Man kann es sich nicht deutlich genug machen: das bäuerliche Element trug von jeher und trägt auch heute die hann. Pferdezucht. Da wird kein Wind gemacht. Man trägt Verluste, und man freut sich über den kleinsten Gewinn. Haltung bewahren, das ist eine Selbstverständlichkeit auf diesen Höfen. Leben und leben lassen. Achtung vor der Kreatur und vor den Mitmenschen haben. Dies sind hier ungeschriebene, angeborene oder anerzogene Lebensregeln. Seit Generationen. Und, wie es scheint, für weitere Jahrzehnte.
Hier (links) steht der Hof von Georg Eylmann in Drochtersen. Robert, der Jüngste, reitet gerade mit den Mutterstuten los. Zur Hengststation. 1976 räumte die Sturmflut hier auf. Und wenig später brannten die alten Gebäude ab. Die Familie Eylmann wurde heimatlos. Senior Georg brach zusammen. Doch er ist heute wieder auf den Beinen. Es wird eben wieder von vorne angefangen.

Hier soll nun eine Zusammenstellung der am höchsten bezahlten Pferde folgen, die gleichzeitig interessante Rückschlüsse verschiedenster Art zuläßt (+ = Auslandsverkauf):

86	Cardinale	5j. B. St.	v. Cardinal xx–Wöhler	95 000 DM
55	Löwentin +	3j. Db. W.	v. Lions xx–Wieland	77 000 DM
99	Solschenyzin	3j. F.-W.	v. Söldner–Cid	53 000 DM
83	Geisha	3j. F.-St.	v. Gralsritter–Absurd	40 000 DM
84	Graziano	5j. F.-W.	v. Grande–Hassan (arab.)	36 000 DM
67	Walerian	4j. R.-W.	v. Waidmannsdank xx–Waldspecht xx	35 000 DM
43	Aglaia	3j. B.St.	v. Absatz–Wohlan	35 000 DM
27	Montevideo	5j. Db.St.	v. Makuba xx–Poet xx	32 500 DM
11	Gin	3j. Db. W.	v. Grey Silk xx–Duellant	32 000 DM
80	Döberitz	4j. R.-W.	v. Domspatz–Goldregen	32 000 DM
41	Lorenzo +	3j. Df.-W.	v. Lothar (Trak.)–Senator	30 000 DM
112	Pajaz	3j. B. W.	v. Perser xx–Absatz	30 000 DM
85	Cortez	4j.schwb.W.	v. Cardinal xx–Eugen	27 000 DM
107	Picardy	3j. B. W.	v. Perser xx–Dux	27 000 DM
12	Djalmar	3j. Sch.-W.	v. Derby–Lateran (Trak.)	26 000 DM
36	Lukull	3j. Db. W.	v. Lukas–Wicht	25 000 DM
92	Wandalero	3j. B. W.	v. Waldfrieden–Abhang II	25 000 DM
108	Divina	3j. B. St.	v. Dietward II–Perser xx	25 000 DM

Die hieraus wie auch aus vorhergegangenen Eliteschauen resultierenden Erkenntnisse seien an dieser Stelle zusammengefaßt: Ausnahmepferde sind und bleiben Raritäten. Daß hierfür Ausnahmepreise geboten werden, ist verständlich und erfreulich. Eine Gewähr dafür, daß sich solche Pferde in jeder Kollektion befinden, ist nicht gegeben.

Der hohe Anteil Dreijähriger ist nicht so bedenklich, wie früher angenommen. Das erstklassig unter dem Reiter präsentierte «jungfräuliche» Qualitätspferd ist der Käuferschaft meistens mehr wert als der sieggewohnte, mehr oder weniger strapazierte ältere Stallgefährte.

Die Sympathie der Käuferschaft richtet sich vor allem auf elegante und souveräne Erscheinungen, die ihrem Gehabe und ihrem Wesen nach Kontaktfreudigkeit zum Ausdruck bringen, gut im Maul sind, angenehm sitzen lassen und bei aller Unterschiedlichkeit in ihren Leistungsanlagen auf jeden Fall den Ruf einer überwiegenden Formbeständigkeit genießen. Dabei fällt ein ebenso harmonisches wie elastisches Zusammenspiel der Kräfte und Partien in ausgewogener, imponierender Haltung besonders ins Gewicht. Spezial-Springveranlagung weckt nur bei Ausnahmequalität Begehrlichkeit, und dies auch nur dann, wenn gleichzeitig eine problemlose Temperaments-(Nerven-)Beschaffenheit und Handlichkeit vorliegen.

Nicht ausreichend entwickelte, in der Muskulatur und somit im Ausdruck noch ohne deutlichere Aussage in Erscheinung tretende Pferde werden meistens weder nennenswert beachtet noch überhaupt in ihrem späteren Wert erkannt. Die wenigen Erkenner sind überwiegend nicht bereit und werden auch selten genötigt, für solches Rohmaterial tiefer in die Tasche zu greifen.

Drei- und vierjährige Pferde, die offensichtlich gern und zwanglos interessante Einblicke in eine hohe dressurmäßige Naturveranlagung erlauben, erregen hohe Bewunderung und entsprechende Preise. Dies setzt eine genügend lange, systematisch und reiterlich gekonnte Ausbildung voraus.

Der überwiegende Teil der Käuferschaft bevorzugt das schicke, irgendwie interessante Pferd von großer Ausstrahlung, wobei sie sich nicht blenden läßt. Die Gebrauchsechtheit ist bei alledem Trumpf in zunehmendem Maße.

Die Größenmaße haben ihren relativen Wert behalten, wenngleich heute mehr denn je eher größere als kleinere Pferde Interesse finden. Den sehr großen Pferden begegnet man nach wie vor nicht vorbehaltlos, die kleinen, groß wirkenden Individuen von überdurchschnittlicher Qualität bleiben weiterhin im Rennen, die mittelgroßen (162–166) vereinigen naturgemäß die meisten Zielvorstellungen auf sich.

Die Bewertung der Reitqualität und damit des Preislimits durch die Käufer erfolgt immer häufiger durch einen Gefühlstest, der den optischen Eindruck ergänzt, bestätigt oder als Täuschung

verwirft. Daß hierbei Irrtümer nach jeder Richtung hin bei weniger versierteren Reitern unterlaufen, liegt auf der Hand.
Vorurteile gegen bestimmte Abstammungen bestehen nach wie vor. Sie sind meist unberechtigt, da überwiegend zufallsbezogen und leichthin verallgemeinert, wenngleich auch Voreingenommenheiten zutage treten, deren Berechtigung nicht in Zweifel gezogen werden kann.
Daß allgemein ein stärkerer Ruf nach sogenannten reinen Hannoveranern erschalle, hat sich bisher nicht bestätigt gefunden und wird auch im letzten Auktionsergebnis nicht erwiesen. Es ist vielmehr so, daß die beschriebene Reitqualität für die verschiedenen Verwendungszwecke ausschlaggebend die Käuferentschlüsse beeinflußt.
Auktionsaussteller, die vor der Versteigerung renommieren, wie unendlich viel sie für ihr Pferd haben wollen (und schon hätten bekommen können), werden seitens vieler Kaufinteressenten mit Recht als Hochstapler angesehen und häufig genug mit einer kalten Schulter bedacht. Hier sollte der weise Ausspruch von Georg Eylmann gelten: «Sicher, liebe Frau, warum sollen Sie mein Pferd nicht für 9000 kriegen, so Gott will...» (Und, umgewandt, zu Bekannten: «So, die hat erst mal Mut, so was darf man nicht vorher kaputtmachen. Und die weiß nun, der Züchter dazu is 'n ordentlicher Kerl. Dann gönnt sie ihm auch was.»)
Vorher nichts kaputtmachen und hinterher gönnen – in diesem Sinne bis zum nächsten Mal!

Organisationsplan des Ausbildungs- und Absatzzentrums Verden.

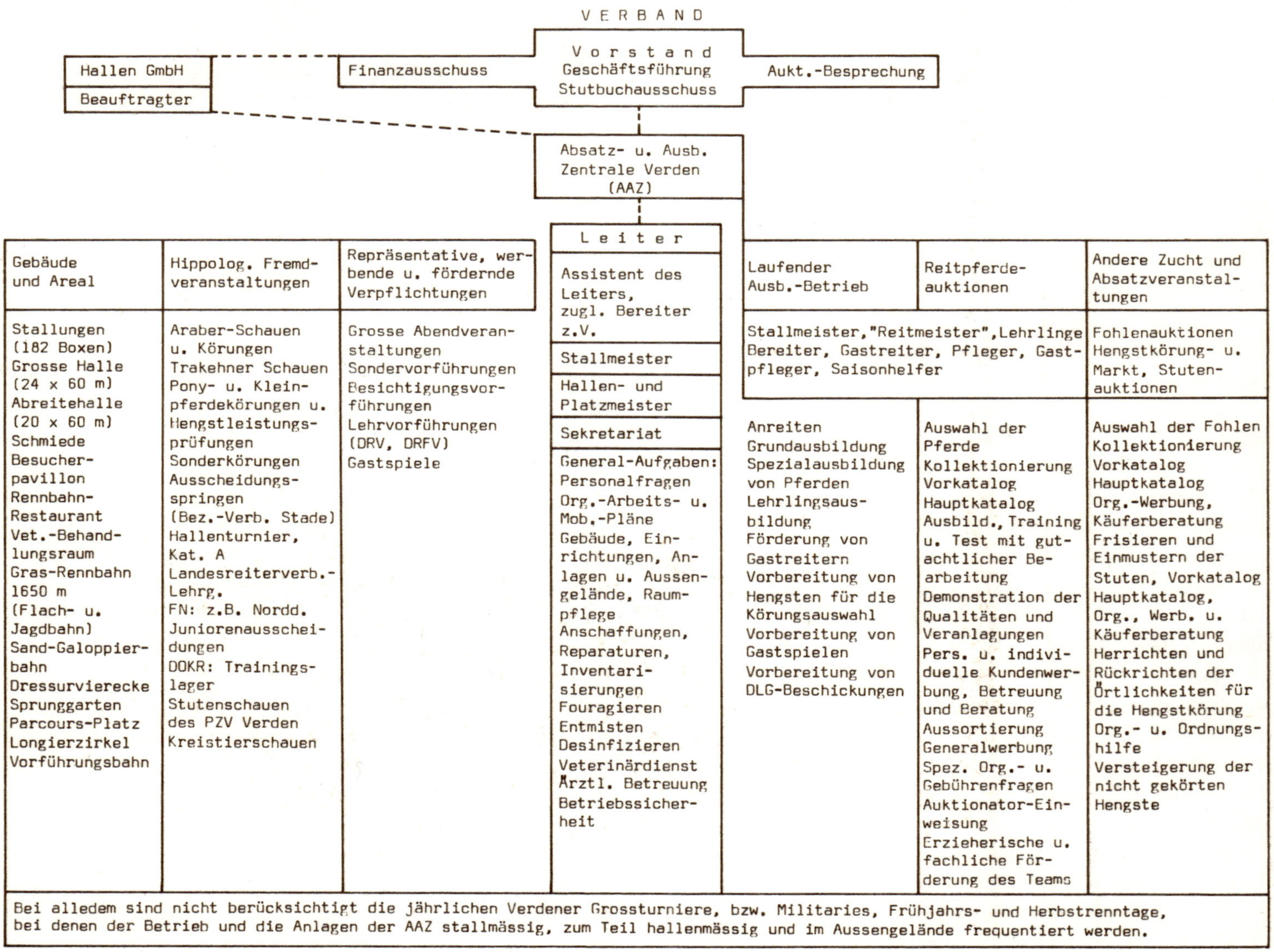

Absatzfragen

Als Vertreter hannoverschen Blutes in der Schweiz hat sich im Eidgenössischen Gestüt Avenches der Beschäler Santos, B., geb. Hann. 1971 v. Sudan xx u. Duftamsel v. Duft II, als Prüfungssieger 1976 einen besonderen Namen gemacht.

Absatz und Handel sind zweierlei. Der Absatz umfaßt die durch den Verband hannoverscher Warmblutzüchter gelenkten Verkaufsvorgänge, die dadurch gekennzeichnet sind, daß hierzu ausschließlich Pferde von den Höfen der Züchter oder Aufzüchter herangezogen werden. Der Züchterverband nimmt Einfluß auf die Auswahl der Pferde und auf eine Verkaufslenkung, die nach Möglichkeit die richtige Hand findet und zum Zuge kommen läßt. Er setzt dabei seine Visitenkarte ein und ist naturgemäß peinlich genau darauf bedacht, seriöse, auf Sicht die Käufer zufriedenstellende Geschäftsgänge anzuknüpfen und zu pflegen. Dadurch ist der Absatz weitgehend objektiviert.

Die Absatzwege laufen über die Verdener Auktionen (Eliteschauen hannoverscher Reitpferde), über die Hannoverschen Fohlen-Auktionen in Verden (Elite-Fohlenschauen) und über die Hannoverschen Zuchtabsatz-Veranstaltungen in Verden (Elite-Zuchtstutenschauen, Hengstkörungen und Hengstmärkte mit Versteigerung der nicht gekörten Hengste). Außerdem

Es bleibt politisch abzuwarten, in welcher Weise sich die Kontakte zwischen Hannover und Südwestafrika weiterhin gestalten. Zur Zeit gibt es dort hann. Zuchten, die regelmäßig durch einen Beauftragten des Verbandes besucht werden.

im Direktverkauf über die Reitschule Verden oder mittels Verbandsbeauftragten, die ausländische Kaufinteressenten begleiten.

Die Umsatzquoten sind von Jahr zu Jahr gestiegen und haben 1976 7 Millionen DM erreicht. Das Einzugsgebiet umfaßt alle Länder der Bundesrepublik Deutschland einschließlich Berlin sowie lückenlos alle westeuropäischen Länder, vom Ostblock einen größeren Teil der Staaten einschließlich die Sowjetunion und in Übersee die Vereinigten Staaten, Australien und Südwestafrika, in Südamerika Argentinien, Brasilien, Chile und Mexiko und, nicht zuletzt, Kanada.

Neben der international anerkannten und gefragten Qualität des hannoverschen Pferdes ist es vor allem das große Angebot, welches Kaufinteressenten auch aus weitesten Entfernungen immer wieder anzieht. Hannover hat nicht allein eine imponierende Auswahl im Schaufenster, sondern kann jederzeit bedienen, alle Wünsche erfüllen. 15000 eingetragene Stuten erlauben es dem Züchterverband, immer auch Spitzen zu Zuchtzwecken abzugeben. Hengste und Stuten. Ohne jede Bedenken, daß die eigene Zuchtbasis dadurch geschwächt werden könnte.

Nicht sosehr die ganz edlen Zuchtstuten, wie hier im Bild Füchse der Engelkeschen Zucht aus Wahnebergen in der Niedersachsenhalle, sondern mehr die kalibrigeren, robusten, ja derberen Stuten sind im Ausland besonders gefragt.

Als Spitzenhannoveraner deckt in Spruce Meadows, Calgary (Kanada), bei Mr. und Mrs. Southern der Fuchshengst Y. Wolfsburg (rechts) v. Wolfsburg. Dieses Gestüt (unten) betreibt hann. Reinzucht und ist vom Verband hann. Warmblutzüchter voll anerkannt. Alle Fohlen erhalten den hann. Hauptstutbuchbrand.

Sieger in aller Welt

Was 1928 in Amsterdam durch den Olympiasieg Frhr. v. Langens auf dem Hannoveraner Draufgänger eingeleitet wurde, setzte sich in einer ständig wachsenden Erfolgsserie für die hannoversche Warmblutzucht fort. Wir sind in diesem Buch auf viele dieser Erfolge getroffen und stehen nun an einem vorläufigen Schlußpunkt, den allein die Herausgabe dieses Werkes setzt.

Die lorbeerumkränzten hannoverschen Siegerpferde stehen teilweise schon wieder bereit zu großen Taten. Jüngere Talente kommen und gehen. Die Besten bleiben und reihen sich ein in die Phalanx der Sieggewohnten.

Nur sporadisch hört man von den Erfolgen hannoverscher Pferde in ausländischem

Die Bronzemedaille im Olympia Grand Prix in Montreal 1976 fiel an die USA-Mannschaft, deren zwei Pferde der hann. Zucht entstammen: Links Dahlwitz v. Impuls a. d. Doublette (Verdener Auktionspferd) v. Duellant, und rechts der Schimmel Monaco v. Markgraf a. d. Wanderin v. Waczpan.

Hannoveraner sind Weltmeister: Verdener Auktionspferd Simona III v. Weingeist (Feiner Kerl-Linie), Olympiasiegerin und Weltmeisterin unter Hartwig Steenken, jetzt in der Zucht mit einer Rekordgewinnsumme von 315 000 DM.

Olympiasieger 1976 und Weltmeister: Mehmed v. Ferdinand – Marcio xx unter Dr. Reiner Klimke, im Gegensatz zu Simona aus dem Kr. Gfsch. Diepholz ein Pferd der Elbmarsch aus Kehdingen.

Olympiasieger 1976 im olymp. Einzelspringen unter Blitz und Donner: Warwick v. Wortschwall unter Alwin Schockemöhle, hier im olymp. Mannschaftsspringen.

Olympiasieger 1976 in Montreal: Woyceck v. Wunsch II (v. Wöhler) unter Harry Boldt, im Bild bei der Großen Abendveranstaltung in der Verdener Niedersachsenhalle am 15. Oktober 1976.

Für Österreich Olympia-Bronzegewinner in München 1972 und bestes Pferd im Stall: das Verdener Auktionspferd Lavendel 11 v. Lavendel unter Hugo Simon (rechts oben). Beide spielten auch in Montreal eine führende Rolle. – Sieger in Kanada (rechts unten): Verdener Auktionspferd Sedan v. Sudan xx – Ferdinand mit Albert Kley, Bruce Meadows, Calgary.

Besitz. Es sickert immer nur weniges durch, was allein aber schon deutlich macht, wieviel sich in Wirklichkeit tut, von dem man noch zu wenig erfährt.

Bei vielen Olympischen Reiterspielen stellte das hannoversche Zuchtgebiet das größte Kontingent unter den international teilnehmenden Pferden. Sie wurden nicht alle Sieger, aber so mancher Hannoveraner hat olympischen Newcomers zumindest die Erfüllung ihrer schweren Aufgabe ermöglicht. Das weiß man überall in der Welt und sucht nach diesen Huntern mit dem treuen Gemüt und den ungeahnten Leistungsmöglichkeiten. Man ist glücklich, daß es sie zahlreicher gibt, als man vermutet, daß sie vor allem in verschiedenen Kaliber- oder Blutversionen vorhanden sind, für alle Disziplinen. Mit dem gelb-weißen Faden ihres Ursprungslandes.

Das große Schaufenster: Die Verdener Auktionen

Oben: Vorher haben die Eliten vielfältig gezeigt, was in ihnen steckt: Balljunge v. Bleep xx beim Freispringen.

Unten: Am Vorabend der beiden Versteigerungstage findet die Große Abendveranstaltung mit dem «Verdener Karussell» ihren Abschluß – 50 Pferde sind daran beteiligt.

Rechts: Wenn Greenhorns einmal vom Schneid verlassen werden in der spannungsgeladenen Halle, übernimmt ein ‹Lotse› die Führung.

Rechts außen: Schimmel, wenn sie springen können oder schön sind, werden gefragt. So erging es auch Garrick v. Grey Silk xx, den Ullrich Kasselmann wirkungsvoll zelebriert.

Oben: Nach sechs Wochen Erprobung ist es soweit: Auktionator Friedrich Wilhelm Isernhagen – links Dr. Hartwig, rechts Hans Joachim Köhler – schlägt die Auktionspferde ihrem neuen Besitzer zu.

Rechts: Gala in der Stunde der Wahrheit. Inge Schmetzer geb. Blanke stellt Arno v. Absatz vor.

Seitenmitte (unten): 55 Verdener Auktionen hat's seit Herbst 1949 gegeben. Im Bild reitet Jürgen Kohlstruck einen Winkel-Sohn ‹ins Geld›.

Die Verdener Auktionen haben inzwischen eine Elitekapazität von fast 200 Pferden erreicht. Da sind die Chancen weit gestreut.
Verdens Gütezeichen liegt in der Qualität und in der Solidität, nicht zuletzt im Renommee zahlreicher Olympia- und Weltmeisterschaftspferde und ungezählter Turnierpferde, die Sonntag für Sonntag ihre Preise nach Hause bringen. Die Auswertungsprotokolle der Auktionen stimmen also weitgehend mit der späteren Bewährung überein. Hieraus ist eine bemerkenswerte Glaubwürdigkeit erwachsen, die einen großen Teil der Verden-Besucher regelmäßig wiederkehren und kaufen läßt. Diese treffen sich dann, darunter immer eine größere Zahl von Novizen, in einer unnachahmlichen Atmosphäre von Feierlichkeit, Horsemanship und zügiger Geregeltheit, wie sie sagen, und genießen diese Tage wie Festtage.
Mit dem Standardtest unter dem Reiter, freitags, beginnt es. Hier kann man die Grundgangarten vergleichen, die Sitzbequemlichkeit beachten und die Handlichkeit. Viele konzentrieren sich auf den Bewegungslauf. Manche nur auf Effekt und Eleganz. Vielen Menschen ist eine ganz schöne Portion Eitelkeit angeboren. Nachmittags starten etwa 50 Cracks im Freispringen. Ab 20 Uhr geht dann die Große Abendveranstaltung über die Bühne. Vor überfüllten Rängen. Der Sonnabend bringt das Kürreiten aller Auktionspferde, nachmittags bereits das erste Drittel der Kollektion in den Versteigerungsring. Am Sonntag hat der Auktionator schließlich die beiden letzten Drittel unter Ordre. Immer im Frühjahr und Herbst.

Die Verdener Auktionen repräsentieren ihren hann. Züchterverband. Oben die Pferde der «Starparade Hannover» für die Equitana 1977 in Essen vor der Verladung. (von links) Domingo v. Daimyo xx, Dessin v. Diplomat, Caro Dame v. Cardinal xx, Salem Aleikum v. Sendbote, Dessauer v. Diplomat, Willkamm v. Waidmannsheil und Busonik v. Busoni xx.

Fotografieren für den Auktionskatalog: letzte Handgriffe am Zaumzeug bei St. Gotthard v. Sudan xx – Gotthard, während das Maskottchen der Niedersachsenhalle ‹in langer Linie› diesen Vorgang überwacht.

Die Verdener Auktionen gelten als Qualitätsmaßstab und als Preisbarometer im deutschen Bundesgebiet und darüber hinaus. Dem veranstaltenden Verband hannoverscher Warmblutzüchter ist nicht an einzelnen hohen Spitzenpreisen gelegen, sondern an einem möglichst gleichmäßig verteilten, der Qualität entsprechenden Preisgefüge. Außerdem an einem möglichst zweckmäßigen Verbleib in passenden Händen.
Es ist selbstverständlich nicht auszuschließen, daß Spitzenpferde in Ställen landen, die sich auf Hobbyreiten beschränken. Somit geht jedes Mal ein Teil des Hochleistungsnachwuchses dem Turniersport verloren. Trotzdem ist der Anteil Verdener Auktionspferde im großen Sport außerordentlich, nicht zuletzt in der Spitzengruppe der Weltmeisterschafts- und Olympiapferde. Diese Tatsache wird zu Recht als überzeugender Beweis für die Qualitätsbreite im Angebot der Verdener Kollektionen gewertet.

Niedersachsen ist Pferdeland, und so läßt sich sogar der Ministerpräsident, Dr. Hans Albrecht, in Verden durch seine Tochter Ursel, gen. Röschen, vertreten. Sie gehört zum Auktionsteam und präsentiert hier die Schimmel Waldluchs und Wisbek, beide v. Waldschütz.

Die Zahl der jeweils im April und Oktober angebotenen Auktionspferde hat sich auf 180 erhöht. Der Durchschnittspreis scheint sich auf etwa 15 000 DM einzupendeln. Als Spitzenpreis wurden bislang 100 000 DM notiert. Unter 10 000 DM (ab 7000–8000 DM) waren bisher in jeder Kollektion etwa 25 bis 30 zu haben.
Die Auswahl zu den Auktionen wird Monate zuvor vorgenommen. Sie erfolgt aus einer Zahl von etwa 500 Pferden aus dem ganzen Zuchtgebiet. Die Züchter und Aufzüchter betrachten es als Ehre, in Verden vertreten zu sein, und sehen darin eine Chance für Erlöse, die sie so leicht zu Hause nicht erzielen können.

Kaufinteressenten andererseits ziehen es vielfach vor, auf der Auktion zu kaufen. Hier haben sie eine riesige Auswahl unter einem Dach. Sie können vergleichen. Selbst ausprobieren. Und sie wissen, daß der Verband als Treuhänder nach beiden Seiten mit offenen Karten spielt.

Wie vermutlich in allen Züchterverbänden ist auch im hannoverschen kaum Zeit für eingehende Forschungs- und langfristige züchterische Planungsvorgänge zu erübrigen. Der vielseitige Arbeitsanfall im Innen-, Außen- und Kontaktdienst ist zu groß, der Personalbestand zu gering, um die notwendige Muße dafür zu finden.
Eine wachsende Möglichkeit, hier Ausgleich zu schaffen, besteht im Deutschen Pferdemuseum – Hippologisches Institut (DPM). Für alle Züchterverbände. Hannover bedient sich dieser Gelegenheit bisher am meisten. Hierzu trägt die günstige Lage am Ort des Zuchtmittelpunkts bei. Das DPM ist beispielsweise in die Organisation und die Inszenierung der Großen Abendveranstaltungen in der Niedersachsenhalle eingeschaltet. Die Übernahme solcher Aufgaben erfolgt im allgemeinen Interesse. Denn hierbei werden Erfahrungen gesammelt und richtungweisende Beispiele gegeben.
Für die Sache des Pferdes ist Verden mit all seinen Einrichtungen und Veranstaltungen nicht nur für das hannoversche Zuchtgebiet der bedeutungsvolle Mittelpunkt, sondern für alle Länder der Bundesrepublik, gleichgültig ob sie sich hannoverschen Zuchtmaterials bedienen oder nicht.

Resümee, Rezept und Ausblick

Deutsches Pferdemuseum – Hippologisches Institut – in Verden (links): das 400 Jahre alte Bibliotheksgebäude mit Forschungs- und Studierräumen, international frequentiert. Hier werden Erfahrungswerte der Vergangenheit nutzbringend verbunden mit Fragen der Gegenwart und für die Zukunft gesichert.

Wenn man über Umfang, Wert und Bedeutung der heutigen hannoverschen Zucht resümiert, so läßt sich die Feststellung nicht umgehen, daß hier das größte geschlossene Warmblutzuchtgebiet der Welt zugleich auch qualitätsmäßig an der Spitze steht und absatzmäßig die schwerwiegendste Nachfrage verbucht. Die Umstellung vom Wirtschaftspferd zum Reit- und Sportpferd hat sich in gut 20 Jahren vollzogen. Dabei ist der Typbegriff und die Substanzmasse des Hannoveraners deutlich erhalten geblieben. Trotz aller Veredelung. Die Meinung, daß sich heute eigentlich alle Zuchtgebiete in ihren Produkten uniformiert hätten und somit das «Deutsche Reitpferd» propagieren sollten, trifft hinsichtlich Hannover nicht zu. Weder haben die anderen Zuchten den Hannoveraner erreicht, geschweige kopiert, noch hat sich der Hannoveraner anderem angeglichen. Wer genau hinsieht, wer die Leistungserfolge gründlich auswertet und wer um die Nachfrage nach Original-Zuchtmaterial weiß, muß erkennen, daß der Hannoveraner eine züchterische Währung be-

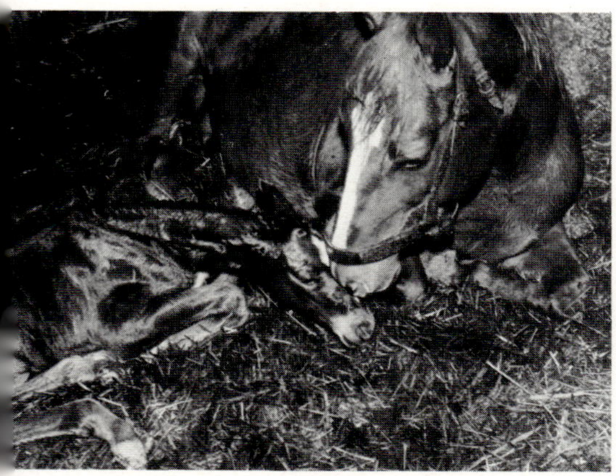

Die Deckzahlen in Hannover sind immer noch weiter angestiegen. Starke Jahrgänge stehen in der Aufzucht. Dabei ist eine Pferdevermehrung nicht von Interesse, vielmehr eine Steigerung der Qualität auf der Basis der eingetragenen Mutterstuten im Lande.

Eine Sorge vor zu viel Blut macht sich von Zeit zu Zeit bemerkbar. Sie ist berechtigt, darf aber nicht zur Hysterie führen. Vererber wie Flügeladjutant (rechts) sollen zwar nicht aussterben, sog. Erhalterhengste aber, die nicht gleichzeitig reitmodelliert sind und Reitqualitäten besitzen, sind heute in einer Reithochzucht nicht mehr ausreichend. Am wenigsten in Hannover.

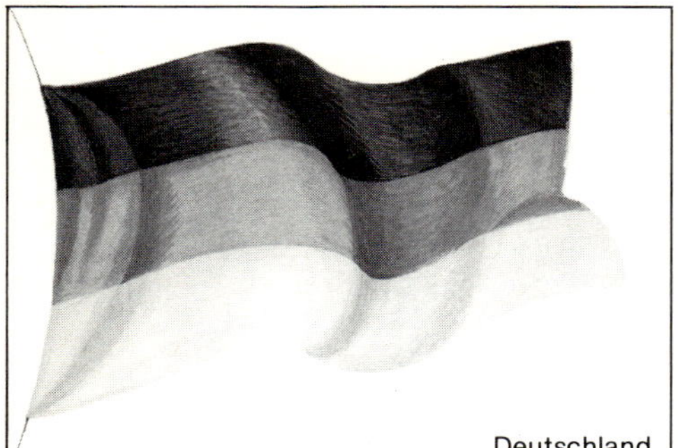
Deutschland

Belgien

Schweden

sitzt, die in ihrem Kurs nicht irgendwie oder irgendwo im bundesdeutschen Raum angesiedelt ist.

*

Ein Rezept, dessen sich die hannoversche Zucht bedient, kann über Generationen aus Pedigrees, Leistungs- und Ausstellungserfolgen sowie Preisbildungen abgelesen werden – wenn man sich dieser Mühe unterzieht. Man wird allerdings dabei bemerken, daß der Kochbuchbegriff ‹Man nehme› allein nicht ausreicht, sichere, das heißt gewollte Resultate zu erzielen. Sichere Resultate? Sie gibt es auch in Hannover nur im großen und ganzen. Ihre individuelle Verdichtung unterliegt vagen Faktoren oder mehr oder weniger glücklichen Umständen. Sie kann also nur bis zu einem gewissen Grad vorangetrieben werden. Das macht die Zucht zwar besonders interessant und fordert eine intensive Beschäftigung mit ihr, beläßt aber ein erhebliches Risiko, das persönlich wirtschaftliche Probleme hervorrufen kann und viel inneres Unbehagen ob mangelnder eigener Tüchtigkeit oder ausreichender Fortune.
Aus diesem Grunde ist die hannoversche Zucht immer noch auf jenen bäuerlichen Höfen am sichersten zu Hause, denen seit Generationen die Pferdezucht «eine höhere Weihe» gibt, wie Gustav Rau einmal sagte. Hier und in der Zuchtleitung wird nach dem Rezept verfahren, das hannoversche Pferde in alle Welt galoppieren ließ, ein Rezept aus Gesetzmäßigkeiten, Erfahrungswerten und Fingerspitzengefühl.

*

Einen Ausblick zu geben, wie es weitergehen wird, darum braucht man sich nicht zu zieren. Das Pferd wird bleiben, wenn der Mensch es nur will. Daß der Mensch dies will, zeigt sich an immer noch wachsenden Reiterzahlen, die sich in Vereinen und Klubs organisieren. Das menschliche Bedürfnis, der Natur nahe zu bleiben oder wieder näher zu kommen, sich körperlich und umgangsmäßig «vierbeinig» zu betätigen mit einem Stück der Natur in der Natur, ist unverkennbar. Anzeichen, daß dies nicht so bleiben könnte, sind keine vorhanden. Und wirtschaftliche Miseren, so

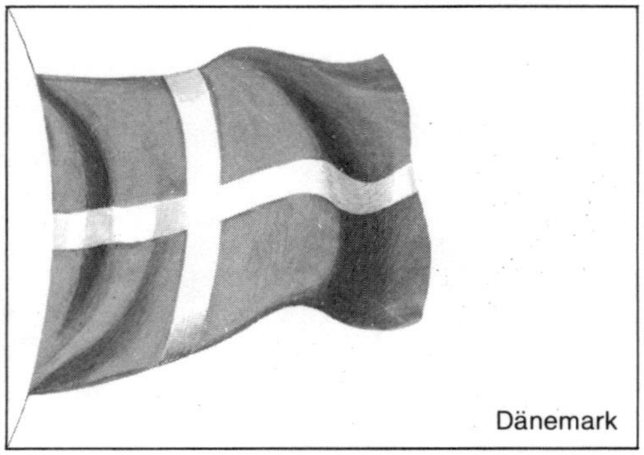

sie nicht in Abgründe stürzen, dürften einen Erdrutsch in der Pferdehaltung kaum herbeiführen. Dazu ist ausgeprägte Pferdepassion ein zu infizierender Begriff. Möglichst viel echte Passion zu verbreiten und zu vertiefen, das ist allerdings eine lebenswichtige Aufgabe der Zuchtverbände. Anhand einer glaubwürdigen und dann wirksamen Öffentlichkeitsarbeit – und begehrenswerter, liebenswerter, erschwinglicher Pferde. So sieht es Hannover. Nicht freilich unter dem Begriff einer Vermarktung. Hannoveraner werden nicht aufgetrieben, sondern präsentiert. Sie sind auch nicht Sportgeräte, sondern Gefährten. Auch als Weltmeister und Olympiasieger.

Links: Wiesen, Weiden, Haferböden und Klima sind erste Voraussetzungen für eine gedeihliche Pferdezucht. Hannover ist gesegnet mit diesen Bedingungen und mit Menschen, denen Landleben, Landwirtschaft und Pferdezucht Lebensinhalt bedeuten.

Lebewesen sind abhängig vom Kontakt mit dem Menschen, von dessen Verständnis und von seinem Einfühlungsvermögen. Auf den Züchterhöfen ist eine heile Welt. Nicht immer später auch bei allen Novizen unter den Reitern und Pferdebesitzern. Ein Mehr an Horsemanship wäre notwendig, um Enttäuschungen und Streitfälle zu vermeiden. Unkenntnis und Maßlosigkeit richten noch zu viel Schaden an und diskriminieren allzu leicht gerade jene, die an sich Anerkennung verdienten.

Anhang

VERZEICHNIS DER ABKÜRZUNGEN

Adj.	Adjunkt
Art.-Rgt.	Artillerie-Regiment
aufgez.	aufgezogen
Bez.	Bezirk
Brig.	Brigade
CHIO	Concours Hippique Internationale Officiel (Offizielles Internationales Reit- und Fahrturnier)
d. Gr.	der Große
Dir.	Direktor
Div.	Division
DLG	Deutsche Landwirtschafts-Gesellschaft
DOKR	Deutsches Olympiade-Komitee für Reiterei (Sitz: Warendorf, Westf.)
DPM	Deutsches Pferdemuseum – Hippologisches Institut (Sitz: Verden, Ndsachs.)
Ehzg.	Erzherzog
eingeg.	eingegangen
einger.	eingerichtet
EM	Europameisterschaft
Exz.	Exzellenz
Fam.	Familie
FM	Feldmarschall
FN	Fédération Nationale (Nationale Reiterliche Vereinigung; in der Bundesrepublik: Deutsche Reiterliche Vereinigung, Sitz: Warendorf, Westf.)
Frhr.	Freiherr
geb.	geboren
gegr.	gegründet
Gen.	General
Ges.	Gesellschaft
gest.	gestorben
gez.	gezogen
Gf.	Graf
GFM	Generalfeldmarschall
Gfsch.	Grafschaft
Ghzg.	Großherzog
Hptm.	Hauptmann
Hzg.	Herzog
hzgl.	herzoglich
i. J.	im Jahr
Insp.	Inspekteur; Inspektor
J. / -j.	Jahr / -jährig
Jg.	Jahrgang
Jh.	Jahrhundert
Kav.-Rgt.	Kavallerie-Regiment
Kf.	Kurfürst
Kg.	König
Kgl.	Königlich
Kgr.	Königreich
Kr.	Kreis
Ks.	Kaiser
Landw.	Landwirtschaft(s)
LandwOR	Landwirtschaftsoberrat
LdR	Landrat
LdschR	Landschaftsrat
Ldstm.	Landstallmeister
Lgf.	Landgraf
Lt.	Leutnant
LWK	Landwirtschaftskammer
M	Mark
Min.	Minister
Mitarb.	Mitarbeiter
Mitbegr.	Mitbegründer
Nachk.-Gew.	Nachkommen-Gewinn
Oblt.	Oberleutnant
offz.	offiziell
OHptm.	Oberhauptmann
OLdstm.	Oberlandstallmeister
OSattelm.	Obersattelmeister
OStm.	Oberstallmeister
Präs.	Präsident
Reg.-Bez.	Regierungsbezirk
Rgt.	Regiment
Rittm.	Rittmeister
S. Exz.	Seine Exzellenz
S. K. H.	Seine Kaiserliche Hoheit
Stj.	Stalljunker
Stm.	Stallmeister
Stutm.	Stutmeister
Vors.	Vorsitzender

B.	Brauner
B. H.	Brauner Hengst
B. W.	Brauner Wallach
Db., db.	Dunkelbrauner, dunkelbraun
Df.	Dunkelfuchs
F.	Fuchs
F.-H.	Fuchshengst
F.-St., Fst.	Fuchsstute
F.-W., Fw.	Fuchswallach
H.	Hengst
Hann.	Hannoveraner; Hannover
Hb., hb.	Hellbrauner, hellbraun
Hptb.	Hauptbeschäler
HStb.	Hauptstutbuch
Ldb.	Landbeschäler
M.	Mutter
MM.	Muttermutter
Ostpr.	Ostpreuße; Ostpreußen
R.	Rappe
Rem.	Remonte
R.-H.	Rapphengst
R.-St.	Rappstute
R.-W., Rw.	Rappwallach

Sch.	Schimmel
Sch.-H.	Schimmelhengst
Schwb., schwb.	Schwarzbrauner, schwarzbraun
St.	Stute
Stb.	Stutbuch
Trak.	Trakehner; Trakehnen
Y.	Young (der Jüngere)
ox	orientalisch Vollblut
xx	englisch Vollblut
x	gemischt Vollblut
G. / -g.	Gestüt / -gestüt
Hptg.	Hauptgestüt
Ldg.	Landgestüt

Register

Seitenzahlen, die auf Abbildungen oder Legenden verweisen, erscheinen *kursiv*. Abkürzungen sind im Verzeichnis der Abkürzungen erläutert, soweit sie nicht ohne Schwierigkeiten ergänzt werden können.

Verzeichnis der Personennamen

Verzeichnis der Pferdenamen

Dank

Autor und Verlag konnten bei diesem Werk auf die umfassenden Dokumentationsbestände des Deutschen Pferdemuseums – Hippologisches Institut – zurückgreifen. Dank gilt also vor allem dieser Institution.
Dank gilt Hans-Heinrich Isenbart für sein Geleitwort, das bei Freunden der hannoverschen Zucht in Kanada seinen Anfang nimmt und dann alle Freunde hannoverscher Pferde einschließt im Ausland wie im Inland. Ihnen allen sei Dank gesagt für ihre Treue zum hannoverschen Brandzeichen.
Dank schließlich ergeht an den Verband hannoverscher Warmblutzüchter und an seine Züchter auf den Höfen als den Bewahrern und Trägern dieser weltberühmten Zucht.

Bildnachweis

Ammon 1 – Bernhagen 150 – Commercial Illustrators 147 – Ernst 18, 111, 133 (2), 149 (2), 152, Schutzumschlag Vorderseite – Gingele 68 – Göhler 19, 68, 96, 104, 111, 113, 128, 129 (2), 130 (2) – Gramatzki 111 (2) – Grote 105 (2) – Harder 73 – Henschel 122 – Huck 96, 97, 104, 105, 109, 116, 125, 133, 135 (3), 138, 150 (2), 152 – Illustration Dömken 88 – Köhler 82, 97, 101, 103 – Mathias 114 – Menzendorf 56 (2), 74, 75, 78, 83, 100, 101 (2), 103 (2), 111 (2), 113, Schutzumschlag Rückseite – Mitschke 132 – Peyer 77, 100, 115, 148, 151 – Pferdezuchtgen. Zofingen 145 – Reich Verlag AG, Luzern 156/157 – Sangmeister 84 (3) – Schäfer 150 – Söhl 115, 126 – Stange 97 – Sting 67, 68, 77, 78, 79, 81, 83, 103, 105, 107 (2), 110, 112 (2), 113 (2), 114, 115 (3), 128 (3), 129 (3), 130, 139 – Tiedemann 54, 67, 73, 76 (2), 81 (2), 101, 105, 111, 114 (3), 150/151.

Alle anderen Aufnahmen und Dokumente: Archiv Deutsches Pferdemuseum e. V. – Hippologisches Institut, Verden.